JN168849

Web サービス入門

— HTML/CSS，PHP，MySQL によるWeb ショップ開設—

工学博士　尾内　理紀夫 著

コロナ社

```
<html>
<head>
------------------
</head>
<body>
------------------
</body>
</html>
```

図 1.1　HTML 基本構造

であり，図 1.1 の最初の行の <html> は html 要素の開始タグであり，ここから HTML が始まることを示している。ここにおける html は**要素名**であるが，この html のことを html タグと呼ぶこともある。**構文**というのは，簡単にいえば，言語の文法に基づく形の規則のことである。この場合だと，「HTML というマークアップ言語の文法に基づく開始タグの形は < のつぎに要素の名前が来て，そのつぎに > が来るのが規則です」ということを本書では，開始タグの構文は

< 要素名 >

であると表現している。一方，終了タグの構文は

</ 要素名 >

である。< のつぎにスラッシュ / が付いて，そのつぎに要素名と > が続く形が終了タグの構文であるということである。図 1.1 の最後の行の </html> は終了タグである。開始タグから終了タグまでを**要素**という。<html>～</html> の部分を **html 要素**，そして <html> と </html> で囲まれた部分を **html 要素内容**という。要素名と後述する属性名は半角英数字であり，HTML では英字において大文字と小文字の区別はしない。本書では HTML の要素名，属性名の英字は小文字とする。

1.1.2　文書型宣言と全体構造

<html> の前に**文書型宣言**（DOCTYPE 宣言）を置く。文書型宣言は，この HTML が HTML のどのバージョンの **DTD**（document type definition，**文書型定義**）に従って記述されているかを宣言する。HTML5 には DTD はないが文書型宣言をしないとブラウザはブラウザの独自仕様に基づいて解釈してしまい，HTML5 として解釈してくれない。HTML5 で記述する場合は HTML の冒頭に <!DOCTYPE html> を置き，HTML5 の標準モードであることを宣言する。

文書型宣言をすると

<!DOCTYPE html>

HTML と CSS

HyperText Markup Language の略称である **HTML**（エイチティーエムエル）はWeb ページを記述するためのマークアップ言語であり，スイス・ジュネーブ郊外にある CERN（欧州原子核研究機構）に所属していたティム・バーナーズ＝リーにより 1989 年から 1990 年にかけて創案，開発された。そして 1995 年に最初の標準化仕様が公開された。**マークアップ言語**というのはコンピュータ上のブラウザ表示のためのプログラミング言語の一つであり，見出しや段落の指定，箇条書きの指定，表の指定などに関する指定（マークアップという）を記述できる。HTML ではタグ < とタグ > で囲んだ指令によりマークアップする。HTML は文章，表，画像などを Web ページに表示できるだけでなく，クリックひとつで他の Web ページに飛んでいくことができるハイパーテキスト，ハイパーメディアを実現することができる。本書では HTML は HTML5 に準拠する。一方，色など見栄えに関する指定は CSS（cascading style sheets）を用いる。

本章では，HTML と CSS の基本について説明しつつ，Web ショップの店舗トップページ，商品ページ，新規会員登録ページ，ログインページのブラウザ表示のための HTML と CSS を作成する。

1.1 HTML の第一歩

1.1.1 基本構造と構文

図 1.1 が HTML の基本構造であり，全体が <html> と </html> とで囲まれており，<html> で開始し，</html> で終了する。半角 < と 半角 > で囲まれた**タグ**により各種の指示が与えられる。大部分のタグは**開始タグ**と**終了タグ**があり，一対となっている。開始タグの構文は

< 要素名 >

4. Webショップ開設

本書に掲載のプログラムデータについて

本書に掲載のプログラムは，コロナ社 Web ページ内本書に関するページの http://www.coronasha.co.jp/np/isbn/9784339028522/ からアーカイブデータをダウンロードできる。このアーカイブデータを解凍する際のパスワードは，本書巻末付録の A.2 節に記載の ROOT パスワードと同じである。1 章の HTML/CSS 関連のプログラムは HTML フォルダ内の webshop フォルダに，2～4 章の PHP，MySQL 関連のプログラムは PHP フォルダ内の webshop フォルダに，それぞれ格納されている。

3. MySQL

2.　PHP

目　　次

1. HTMLとCSS

ま　え　が　き

Webサービスの例題としてWebショップを選び，ネット上にWebショップを開設させることにより，Webプログラミングの基本を習得することが本書の目的である。Webショップはクライアントサーバモデルにより実現される。

Webショップでの時系列的処理の流れと使用ソフトウェアを以下に示す。

1. クライアントはWebショップの店舗トップページなどの閲覧要求を送信し，サーバは要求ページを返信し，それがブラウザ表示される。クライアント（Webブラウザ）にはHTML5とCSSを使用する。
2. クライアントは氏名，パスワードなどからなる新規会員登録要求をサーバ（Webサーバ：Apacheを使用）に送信する。サーバは受信データに基づきデータベースに会員情報を追加し，お客さまIDを返信する。サーバ上のプログラミング言語はPHPを使用する。サーバと接続するデータベースはMySQLを使用する。
3. クライアントはお客さまIDとパスワードを送信し，ログイン要求する。サーバはデータベースに登録されたパスワードなどを用いてログイン認証を行い，結果をクライアントに送信する。
4. クライアントは欲しい商品と個数を送信する。サーバは，データベースにアクセスし，在庫の有無などを検索し，結果をクライアントに送信する。
5. クライアントはログアウト要求し，サーバはログアウト処理をする。

なお，本書ではOSはWindows 8/8.1/10，ブラウザはInternet Explore 10と11，EdgeそしてGoogle Chromeを対象にXAMPP5.6.12により環境を構築する。なおMac OS X v10.9上のSafari 7およびXAMPP5.6.8の環境でのプログラム動作も確認している。

本書は，学校や組織で演習や実験付きの授業の教科書として使用されることを前提としており，クライアントサーバモデルの仕組みとプログラミングを重視している。もちろん，家庭などで，自分のパソコン上に本書のWebショップを構築することはでき，独学独習も可能である。

2015年11月

尾内　理紀夫

```
<html>
~
</html>
```

のような HTML 全体構造になる。

1.1.3　要素の入れ子

開始タグと終了タグで囲まれた内部にさらに要素を記述することができる。これを「要素を**入れ子**にする」という。図 1.1 では，<html>～</html> の html 要素の中に，さらに head 要素と body 要素が入れ子になっている。<head>～</head> の部分が head 要素，<body>～</body> の部分が body 要素である。

ある要素の内側に直に入れ子で入っている要素をその要素の**子要素**，外側の要素を**親要素**という。図 1.1 において，html 要素は head 要素と body 要素の親要素であり，head 要素と body 要素は html 要素の子要素である。子要素である body 要素内にさらに要素を入れ子にすることができる。この場合，さらに入った要素は，html 要素から見ると孫要素に当たる。さらにこの中にひ孫要素を入れ子にすることができる。このような親，子，孫，ひ孫の関係にある要素を**子孫要素**という。

図 1.1 の head 要素の ---------------- の部分には主にページのタイトルやスタイル（見栄え）を指定する。図 1.1 の body 要素の ---------------- の部分には，主にページの構造と内容を指定する。そのために各種の要素が記述される。本書では body 要素内の要素や属性の構文を HTML の構文という。

1.2　最初の HTML プログラム

ブラウザに「ようこそショップへ」を表示させる HTML プログラム（リスト 1-1 sample1.html）を作成する。プログラム作成にはサクラエディタを用いる。サクラエディタのインストールに関しては巻末付録の A.1 節に記載した。

1.2.1　プログラム入力

入力に先立ち，教員などが指示する位置に，独習の読者は適当な位置に webshop フォルダを作成しておく。

リスト 1-1 のように，親要素の開始タグ，終了タグに比べ，子要素の開始タグ，終了タグを一段（スペース数個分）右に配置すること，孫要素はさらに 1 段右に開

リスト 1-1 sample1.html

```
1  <!DOCTYPE html>
2  <html lang="ja">
3    <head>
4      <meta charset="UTF-8">
5      <title> 最初の HTML</title>
6    </head>
7    <body>
8     <!-- 初めての HTML 文書 -->
9     ようこそショップへ
10   </body>
11 </html>
```

始タグ，終了タグを配置すること，ひ孫要素はさらに，…という具合に配置をすることを**段付け**，あるいは**インデンテーション**という。プログラムを見やすくするためには適切な段付けをする必要がある。しかし本書では紙面の制約があり，ほとんどのプログラムで段付けはしない。見にくくなるがご容赦願いたい。

開始タグ内にはその要素に関する**属性**（HTML 属性）を記述できる。構文は

```
属性名 =" 属性値 "
```

である[†]。リスト 1-1 の 2 行目の html 開始タグは

```
<html lang="ja">
```

となっている。lang は HTML 内で使用する言語という属性名であり，ja は属性値で日本語を意味している。「lang 属性の値が ja である」といった表現をする。属性名に使用する英字は大文字でも小文字でもよいが，本書では小文字とする。

4 行目の meta 要素の開始タグには HTML の各種情報（メタ情報）を記述する。

```
<meta charset="UTF-8">
```

では文字コード（charset 属性）に属性値 UTF-8 を指定している。文字コード指定なので <title> タグの前に置く。meta 要素には要素内容はなく，終了タグはない。開始タグのみで要素内容がなく，終了タグがない要素を**空**（から）**要素**という。

5 行目にある <title> と </title> で囲まれた title 要素にはページタイトルを記述する。ページタイトルとはブラウザのタイトルバーに表示される，そのページの表題であり，Internet Explorer の「お気に入り」の登録名として使用され，「履歴」一覧に表示される。title 要素にページタイトルを設定しないと，ブラウザのタイト

† 本書では，プログラムに使用する引用符，二重引用符に，‘ ’，“ ”（カーリークォート）ではなく，' '，" "（ストレートクォート）を使用する。ちなみに，プログラムで使用する場合，カーリークォートでは’ ’，” ”となることに注意してほしい。

ルバーには，その HTML のファイル名，この場合 sample1.html が表示される。7 行目から body 要素が始まる。

8 行目の <!-- と --> とで囲まれた部分は HTML の**コメント**（注釈）である。コメントは人間のためのメモ文であり，ブラウザは HTML を解釈・処理する際にコメントは読み飛ばす。適切なコメントを適宜付けておくことは重要である。CSS のコメントは記号が異なり，これは 1.3.4 項で述べる。

1.2.2　プログラム保存

エディタを用いてリスト 1-1 の入力を完了したら，拡張子を html とし sample1.html というファイル名で webshop フォルダに格納する。ファイル名に日本語を使用すると，後々問題が発生することがあるので，ファイル名は半角英数字にする。

拡張子を含めたファイル名全体をつねに表示させる設定にしておくと便利である。方法は Windows 8.1 では，一例として，[Windows] キーを押しながら X を押し，表示された中の [コントロールパネル] を選択（左クリック）する。表示された [コントロールパネル] の項目の [フォルダーオプション] を選択，あるいは [デスクトップのカスタマイズ] を選択してから [フォルダーオプション] を選択†する。そして [表示] タブを選択し，[詳細設定] ボックス中の [登録されている拡張子は表示しない] のチェックを外し，[OK] を選択すればファイル名が拡張子付きとなる。

サクラエディタで作成した HTML を最初に保存するには，例えば [ファイル] を選択し，つぎに [名前を付けて保存] を選択し，ファイル名を，このリスト 1-1 の場合 sample1.html とし，文字コードセットを UTF-8 にした後に，[保存] を選択する。ファイルを保存するフォルダは webshop である。

保存した後，webshop フォルダを開き，sample1.html の上にカーソルを置き，右クリックし，[プログラムから開く] を選択すると**図 1.2** のような表示が現れるのでブラウザを選択する。Internet Explorer をブラウザとして選択すると**図 1.3** のような Web ページがブラウザ表示される。

sample1.html ファイル名のアイコンをサクラエディタ・アイコンからブラウザ・アイコンに変更し，それをダブルクリックするだけで Web ページとして表示させたければ，図 1.2 の [既定のプログラムの選択] を選択する。**図 1.4** が表示される

† Windows 10 では [エクスプローラーのオプション] を選択する。

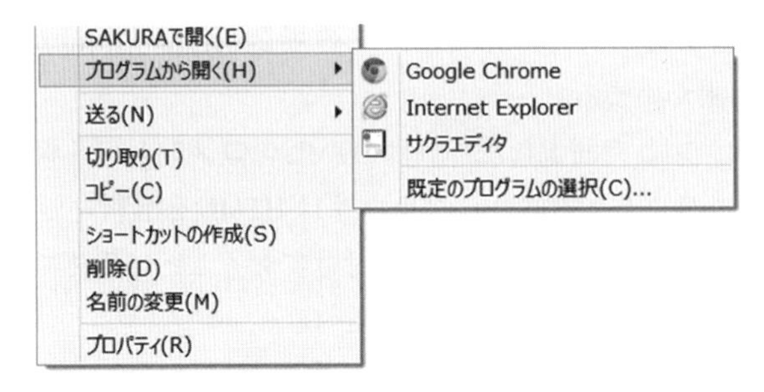

図 1.2　ブラウザの選択

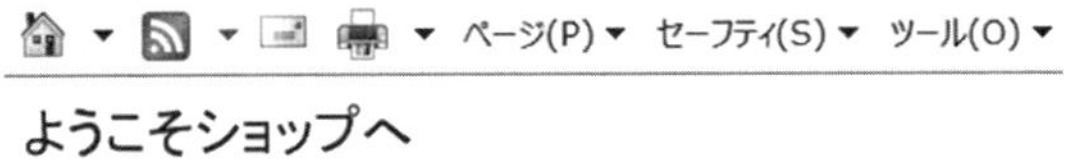

ページ(P)▾　セーフティ(S)▾　ツール(O)▾

ようこそショップへ

図 1.3　最初の HTML

図 1.4　ファイルを開く方法の選択

ので，すべての HTML ファイルを Internet Explorer で開きたければ Internet Explorer を，Google Chrome で開きたければ Google Chrome を選択する。ブラウザが HTML を解釈し，Web ページとして表示する。このため，使用ブラウザの種類，バージョンによってはタグや CSS（1.3.4 項）の解釈が異なる可能性があり，表示される Web ページが微妙に異なる。本書の HTML ファイルは Windows 8/8.1/10 上の Google Chrome，Internet Explorer 10 と 11，Edge そして Mac OS X v10.9 上の Safari 7 でも表示できるが，見栄えが微妙に異なる。

1.2.3　プログラム編集

リスト 1-1 を出発点とし，Web ショップのページを順次発展的に作成していく。

リスト1-1を編集する方法はいくつかある。サクラエディタを起動し，[ファイル]を選択し，[開く]を選択し，いくつかのフォルダを選択したのち，webshopフォルダを選択すれば，そこに作成したファイルが表示されるので，それを選択する。いまは，sample1.htmlを選択すれば，リスト1-1が表示されるので，それを編集し，上書き保存，あるいは新規に別名保存をすればよい。この後，保存したファイルを選択すれば，Webページが表示され，編集内容が反映されていることを確認することができる。

1.3　基本タグとスタイルシート

図1.5のWebページの作成を例にとり，基本的なタグとスタイルシートについて説明する。タグはHTMLタグともいわれる。図1.5を表示するsample2.htmlを**リスト1-2**に示す。sample2.htmlもsample1.html（リスト1-1）と同様にwebshopフォルダに格納する。

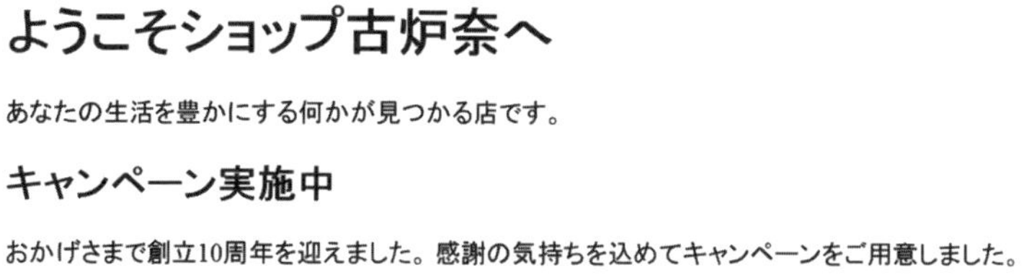

ようこそショップ古炉奈へ

あなたの生活を豊かにする何かが見つかる店です。

キャンペーン実施中

おかげさまで創立10周年を迎えました。感謝の気持ちを込めてキャンペーンをご用意しました。

図1.5　Webショップページ

リスト1-2　sample2.html

```
1  <!DOCTYPE html>
2  <html lang="ja">
3  <head>
4  <meta charset="UTF-8">
5  <title> ホーム </title>
6  </head>
7  <body>
8  <h1> ようこそショップ古炉奈へ </h1>
9  <p> あなたの生活を豊かにする何かが見つかる店です。</p>
10 <h2> キャンペーン実施中 </h2>
11 <p> おかげさまで創立 10 周年を迎えました。
12 感謝の気持ちを込めてキャンペーンをご用意しました。</p>
13 </body>
14 </html>
```

1.3.1　見　　出　　し

8 行目の h1 要素は**見出し**を表す。h は heading（見出し）の頭文字で，h1 要素，h2 要素，h3 要素，h4 要素，h5 要素，h6 要素の 6 種類ある。h1 が最大の見出し文字，h6 が最小の見出し文字であり，h のつぎの数値が大きくなるにつれ，文字の大きさが小さくなり，見出し文字が小さくなるにつれ，重要度が低くなる。<h1> と </h1> で囲まれた部分が見出しである。h1 要素から h6 要素で指定された見出し行の前後にはそれぞれ改行が挿入される。リスト 1-2 では，8 行目の h1 と 10 行目の h2 の 2 種類の見出し要素が使用されている。

1.3.2　段　　　　落

9 行目そして 11〜12 行目にかけての <p> と </p> で囲まれた文章は一つの段落である。p 要素の p は paragraph（段落）の頭文字である。段落の前後にはそれぞれ改行が入る。

HTML5 以前においては，h1 要素から h6 要素，p 要素のように前後に改行が入る**ブロックレベル要素**と，テキストの一部としての**インライン要素**という分類がされていた。HTML5 ではこれらとは異なるカテゴリー，コンテンツモデルという分類がされているが，本書ではわかりやすいブロックレベル要素，インライン要素という分類で，HTML5 準拠の各種の説明を進めていく。

1.3.3　改　　　　行

リスト 1-2 の 11 行目の最後には改行が入り，段落は 12 行目へと続いている。しかし図 1.5 のブラウザ表示では改行されていない。ブラウザは HTML ソースコード上で入力した改行は半角スペースとして表示する。つまりソースコード上で改行されていても，ブラウザを起動，表示させてみると，改行されていない。改行させたい場合は，改行したい場所に改行のための
 タグを置かねばならない。

ただし br 要素をスタイル設定のために使用することは推奨されない。例えば，文字列の位置を数行下げたり，文の長さを揃えたりなどのレイアウト調整，見栄えの調整のために br 要素を使用しない。

リスト 1-2 の 11 行目末に
 を入れ，11〜12 行目を

```
<p> おかげさまで創立 10 周年を迎えました。<br>
感謝の気持ちを込めてキャンペーンをご用意しました。</p>
```

と変更し，sample2_1.html に保存する。Web ページを再度開いてみると改行されている。HTML ではタグを用いて指示しないと Web ページ表示に反映されない。br 要素に終了タグはなく，空要素である。

1.3.4 スタイルシート（head 要素での指定）

Web ページ内のスタイル（レイアウト，色などの見栄え）を**スタイルシート**（cascading style sheet，**CSS**）により設定する。スタイルシートの指定は，head 要素における style 要素で指定する方法，body 要素における style 属性で指定する方法，そしてファイル指定する方法がある。本項では head 要素における style 要素で指定する方法について説明する。以降，スタイルシートを CSS と略記する。

head 要素内の style 要素での CSS 指定は，body 要素全体にわたっての CSS 指定となる。図 1.5 の背景色をシルバー色にしたいときには，sample2_1.html の head 要素に**リスト 1-3** の 6～8 行目の style 要素を追加し，sample3.html に保存する。実行すると**図 1.6** のように背景色がシルバー色になる。

sample3.html の 6～8 行目の **style 要素**（<style>～</style>）が CSS である。そ

リスト 1-3　sample3.html

```
  省略。sample2_1.html の 4 行目までと同じ。
5 <title> ホーム </title>
6 <style>
7 body {background-color: silver;}
8 </style>
9 </head>
  以下，省略。sample2_1.html と同じ。
```

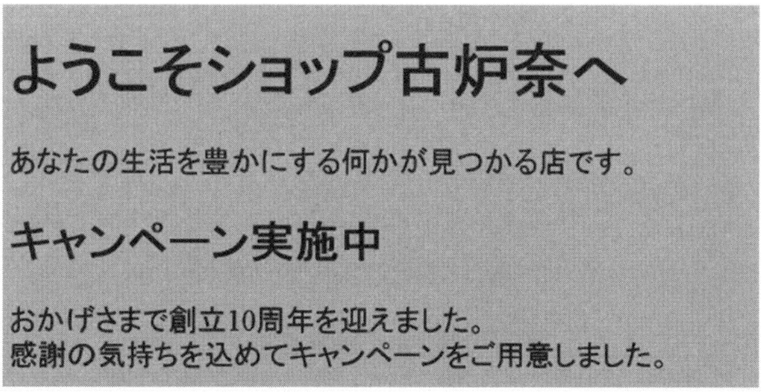

ようこそショップ古炉奈へ

あなたの生活を豊かにする何かが見つかる店です。

キャンペーン実施中

おかげさまで創立10周年を迎えました。
感謝の気持ちを込めてキャンペーンをご用意しました。

図 1.6　背景色をシルバー色に

の中の 7 行目で，スタイルの適用対象セレクタを body にし，そのセレクタに対してプロパティ名 background-color（背景色の意味）と値の組を指定する。この場合はシルバー色 silver という値である。プロパティ名と値はコロン : によって区切られる。プロパティ名とその値の組により CSS を指定するので，これを **CSS プロパティ**という（本書では単にプロパティという。2.9.2 項のプロパティとは異なる）。一つのセレクタに対して複数のプロパティを指定したければ，それらをセミコロン ; で区切る。

まとめると，CSS の構文は

```
セレクタ {プロパティ名: 値; プロパティ名: 値; --------}
```

である。{ ～ } を宣言ブロック，プロパティ名と値の組を宣言という。{ は left curly bracket あるいは左波括弧，} は right curly bracket あるいは右波括弧と呼ばれる。

プロパティ名は大文字でも小文字でもよいが，本書では小文字とする。なお宣言ブロック内の最後の宣言のセミコロン，つまり波括弧内の最後のセミコロンは省略できる。

CSS におけるコメントは /* と */ とで囲む。

1.3.5 文字列位置

図 1.6 の文字列はすべて左寄せになっているが，これらすべてを中央配置に指定したければ，リスト 1-3 の 7 行目を

```
body {background-color: silver; text-align: center;}
```

に変更し，sample3_1.html に保存すると，**図 1.7** のように表示される。

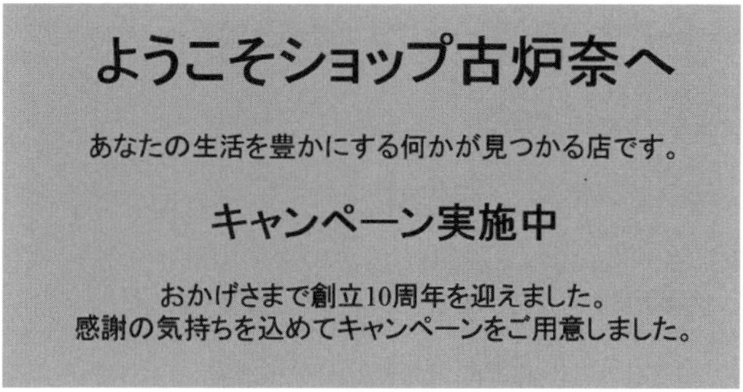

ようこそショップ古炉奈へ

あなたの生活を豊かにする何かが見つかる店です。

キャンペーン実施中

おかげさまで創立10周年を迎えました。
感謝の気持ちを込めてキャンペーンをご用意しました。

図 1.7　文字列の中央配置

text-align プロパティは文字列位置を指定する。値と意味は

left; 左寄せ
right; 右寄せ
center; 中央配置

である。h1〜h6 要素と p 要素の位置を個別に指定することもできる。例えば h1 要素のみ右寄せにしたければ，h1 {text-align: right;} とする。

1.3.6 文字色

文字色指定の CSS の構文は

セレクタ {color: 色;}

である。**セレクタ**を body とすれば，ページ全体の文字の色を一括指定できる。セレクタを p とすれば，<p> と </p> で囲まれた部分の文字色を指定できる。

色は black，silver，gray，white，maroon，red，purple，green，lime，olive，yellow，navy，blue，pink，orange などのように英語で指定することができる。また，# で始まる 6 桁の 16 進数で指定することもできる。最初の 2 桁が赤光の強さ，つづく 2 桁が緑光の強さ，最後の 2 桁が青光の強さである。この赤光，緑光，青光は光の三原色であり，これらを混ぜることにより，各種の色を生成できる。各 2 桁は 00 から ff であり，00 が最弱，ff が最強である。例えば，#000000 は黒，#ffffff は白，#ff0000 は赤，#0000ff は青である。この 16 進数による指定を**カラーコード**による指定という。カラーコードと対応する具体的な色については Web 上などに情報があるので必要に応じて参照してほしい。

1.3.7 文字サイズ

文字サイズ（大きさ）指定の CSS の構文は

セレクタ {font-size: 値;}

である。リスト 1-3 の見出し h1 の「ようこそショップ古炉奈へ」の文字の色を緑にし，見出し h1 の文字のサイズを既定サイズより，もっと大きくしたければ，セレクタを h1，その宣言ブロックにおいて，プロパティ名 color，その値を green，プロパティ名 font-size，その値を例えば 48px とする。sample3_1.html の style 要素内の 7 行目のつぎに

h1 {color: green; font-size: 48px;}

を追加し，sample3_2.html に保存する。**リスト 1-4** の 8 行目の font-size プロパティの値 48px の px は画面のピクセル数を意味する。文字の大きさが 48 ピクセルということである。

リスト 1-4　sample3_2.html

```
   省略。sample2_1.html の 4 行目までと同じ
5  <title> ホーム </title>
6  <style>
7  body {background-color: silver; text-align: center;}
8  h1 {color: green;  font-size: 48px;}
9  </style>
10 </head>
   以下，省略。sample2_1.html と同じ
```

文字サイズを絶対的数値サイズであるピクセル数で指定する以外に，例えば

h1 {font-size: 150%;}

のように，その時点における文字サイズを 100% とし，それに対する変更後の文字サイズの割合を，相対的サイズである % で指定することもできる。

1.3.8　行 の 高 さ

1 行の高さを指定できる。line-height プロパティを使用した CSS の構文は

セレクタ {line-height: 値 ;}

である。段落などで，行と行の間が詰まっていて，もっと行間を空けて，余裕をもたせたいときなどに使用する。値には，ピクセル（px），比率（%）以外に，単位なしの実数を指定できる。単位なし実数を指定したとき，1 行の高さは

[その要素の 1 行の高さ × 単位なし実数]

となり，確実に行間が空き，行と行が重なるようなことを防止できる。詳しくは 1.6.2 項〔2〕で説明する。

1.3.9　複数セレクタ

複数セレクタに同一のスタイルを指定するときには，複数のセレクタ同士を半角カンマ , で区切り

セレクタ, …, セレクタ {プロパティ名: 値; …; プロパティ名: 値;}

とする。sample3_2.html の h2 要素の文字色を h1 要素と同じ緑色にするには**リスト 1-5**（sample3_3.html）の 8〜9 行目のようにする。9 行目の

```
h1, h2 {color: green;}
```

では，セレクタを h1 と h2 とし，color プロパティの値を green にしている。これら 8〜9 行目は

```
h1 {color: green; font-size: 48px;}
h2 {color: green;}
```

としても表示は同じである。

リスト 1-5　sample3_3.html

```
   省略。sample2_1.html の 4 行目までと同じ。
5  <title> ホーム </title>
6  <style>
7  body {background-color: silver; text-align: center;}
8  h1 {font-size: 48px;}
9  h1, h2 {color: green;}
10 </style>
11 </head>
   以下，省略。sample2_1.html と同じ。
```

ここで h1 要素と h2 要素の文字色をデフォルト値の black に戻し（リスト 1-5 sample3_3.html の 9 行目を削除），段落の文字色を灰色（グレー）にするセレクタと宣言ブロック

```
p {color: gray;}
```

を 9 行目に置き，sample4.html（リスト 1-6）に保存する。表示を**図 1.8** に示す。**リスト 1-6** は CSS を head 要素における style 要素にて指定する方法である。この場合，CSS は style 要素にセレクタと宣言ブロックが多数，並べられたものとなる。

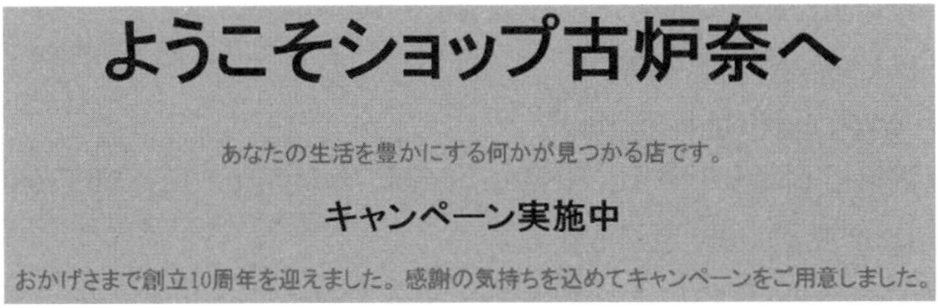

ようこそショップ古炉奈へ

あなたの生活を豊かにする何かが見つかる店です。

キャンペーン実施中

おかげさまで創立10周年を迎えました。感謝の気持ちを込めてキャンペーンをご用意しました。

図 1.8　sample4.html の表示

リスト 1-6 sample4.html

```
   省略。sample2.html の 4 行目までと同じ
5  <title> ホーム </title>
6  <style>
7  body {background-color: silver; text-align: center}
8  h1 {font-size: 48px;}
9  p {color: gray;}
10 </style>
11 </head>
   以下，省略。sample2.html と同じ
```

1.3.10 スタイルシート（style 属性での指定）

body 要素において局所的に CSS を指定できる。sample4.html の style 要素による指定を，body 要素内で style 属性を用いて指定すると**リスト 1-7**（sample4_1.html）のようになる。ただし 11 行目末に
 を入れ，改行させている。

リスト 1-7 sample4_1.html

```
   省略。sample2.html の 4 行目までと同じ
5  <title> ホーム </title>
6  </head>
7  <body style="background-color: silver; text-align: center;">
8  <h1 style="font-size: 48px;"> ようこそショップ古炉奈へ </h1>
9  <p style="color: gray;"> あなたの生活を豊かにする何かが見つかる店です。</p>
10 <h2> キャンペーン実施中 </h2>
11 <p style="color: gray;"> おかげさまで創立 10 周年を迎えました。<br>
12 感謝の気持ちを込めてキャンペーンをご用意しました。</p>
13 </body>
14 </html>
```

任意の要素の開始タグ内に，style= として style 属性を指定する。= の右には，プロパティ名とその値を "プロパティ名: 値;" のようにダブルクォート " で囲んで置く。このプロパティ名と値の組は

```
style="color: red; font-size: 50px"
```

のように複数置くこともできる。要素としては，body，p，h1〜h6 の他に 1.5.5 項で説明する span 要素，div 要素もある。

body 要素内で style 属性により CSS 指定する方法は，body 要素内のあちこちに，要素ごとに逐一 CSS 指定をする必要があり，1.3.4 項の style 要素による指定あるいは 1.3.11 項のファイル読込みによる CSS 指定と比較して，見ずらく，また修正

する際にも効率的でない。よって，つぎに述べるファイル読込みによる CSS 指定が推奨される。

1.3.11　スタイルシート（ファイル読込みによる CSS 指定）

head 要素において指定した各種 CSS を外部のファイル（CSS ファイル）にまとめ，それを head 要素において読み込む指定法である。style 要素による CSS 指定の sample4.html は本指定法では**リスト 1-8**（sample4_2.html）のようになる。

リスト 1-8　sample4_2.html

```
   省略。sample2.html の 4 行目までと同じ
5  <title> ホーム </title>
6  <link rel="stylesheet" href="sample_style.css">
7  </head>
8  <body>
9  <h1> ようこそショップ古炉奈へ </h1>
10 <p> あなたの生活を豊かにする何かが見つかる店です。</p>
11 <h2> キャンペーン実施中 </h2>
12 <p> おかげさまで創立 10 周年を迎えました。<br>
13 感謝の気持ちを込めてキャンペーンをご用意しました。</p>
14 </body>
15 </html>
```

6 行目が CSS ファイル読込みであり，link 要素は開始タグのみで終了タグのない空要素である。

rel 属性の値にはキーワード stylesheet を指定する。href 属性の値には CSS を格納したファイル名を指定する。ここにおいて sample_style.css（**リスト 1-9**）が CSS 格納のファイル名であり，拡張子は css とする。sample_style.css を作成する以前に sample4_2.html を表示させると，HTML 構造のみが表示される。ファイル読込みによる CSS 指定が推奨されるが，1 章では，紙面スペース節約のため，1.12 節以外では，1.3.4 項の head 要素における style 要素での指定法を用いる。

スタイルの優先順位は後からの指定が優先される。最初に読み込まれる外部 CSS

リスト 1-9　sample_style.css

```
1 body {background-color: silver; text-align: center;}
2 h1 {font-size: 48px;}
3 p {color: gray;}
```

ファイル指定が最も低く，そのつぎが style 要素で，最後に body 要素内で要素内容の直前で指定する style 属性による指定が最も高い。優先順位が高い順に，style 属性→ style 要素→外部 CSS ファイルである。

1.3.12　下線・上線・取消し線

text-decoration プロパティによる下線，上線，取消し線指定の CSS の構文は

```
セレクタ {text-decoration: 値;}
```

であり，値が underline ならば下線，値が overline ならば上線，値が line-through ならば取消し線である。セレクタは p，h1〜h6 などである。三つの線の例を**リスト 1-10**（sample5.html）に，結果表示を**図 1.9** に示す。これら以外にリンクのようにデフォルトで下線が引かれているとき，その下線を消すための値 none がある。リスト 1-10 の 13，14，16 行目の class 属性については 1.4 節で説明する。

リスト 1-10　sample5.html

```
   省略。sample2.html の 4 行目までと同じ
5  <title> テキストデコレーション </title>
6  <style>
7  h2.underline {text-decoration: underline;}
8  h2.overline {text-decoration: overline;}
9  h2.torikeshi {text-decoration: line-through;}
10 </style>
11 </head>
12 <body>
13 <h2 class="underline"> 新製品発表 </h2>
14 <h2 class="torikeshi">
15 キャンペーン実施中 </h2>
16 <h2 class="overline"> 社会奉仕活動 </h2>
17 </body>
18 </html>
```

新製品発表

キャンペーン実施中

社会奉仕活動

図 1.9　sample5.html 表示

1.3.13　区　切　り　線

body 要素内容の水平の罫線を引きたい場所に <hr> タグを置く。horizontal rule の頭文字である。rule は罫線という意味である。hr 要素には終了タグはない。<hr> を置いた場所に，黒色の細い線がウィンドウ幅一杯に引かれる。hr 要素は段落と段落の間で話題が変わったとか，局面が変わったなどの区切り線として使用する。HTML5 では区切り線の太さ，長さ，色，左右中央の位置を指定できない。

1.3.14 上付き文字と下付き文字

立方メートルを表す m^3 の 3 のような上付き文字には sup 要素を用いる。上付き文字を ^と で囲む。sup は superscript の略である。

水分子を表す H_2O の 2 のような下付き文字には sub 要素を用いる。下付き文字を _と で囲む。sub は subscript の略である。例を**リスト 1-11**（sample6.html）に，その表示を**図 1.10** に示す。

リスト 1-11 sample6.html

```
   省略。sample2.html の 4 行目までと同じ
5  <title> 上付き文字と下付き文字 </title>
6  </head>
7  <body>
8  <p> 立方メートルは m<sup>3</sup> です。</p>
9  <p> 水分子は H<sub>2</sub>O です。</p>
10 </body>
11 </html>
```

立方メートルはm^3です。

水分子はH_2Oです。

図 1.10 上付き文字，下付き文字

1.3.15 強勢・重要と特殊文字

以降の説明に使用するため，sample4.html を編集した sample7.html（**リスト 1-12**）とその表示（**図 1.11**）を示す。7, 8, 9 行目の /* と */ で囲まれた部分は CSS におけるコメントである。

〔1〕 **em 要素** em 要素は**強勢**（emphatic stress，語気を強くする）を伴う文の範囲を示す。つまり，文を読み上げたときに，語気を強くしたい部分を <em> と </em> で囲む。どこで語気を強くするかで文の意味合いが変化する。

リスト 1-12（sample7.html）の 21 行目の社会奉仕活動の段落の文「本ショップの社員は自発的ボランティアとして地域美化活動を行っています。」を例にとる。

```
<p><em> 本ショップの社員 </em> は自発的ボランティアとして地域美化活動を
行っています。</p>
```

とすれば，同業他社の社員ではなく，本ショップの社員自身が活動をしている，という意味合いになる。

```
<p> 本ショップの社員は <em> 自発的 </em> ボランティアとして地域美化活動を
行っています。</p>
```

とすれば，会社に促がされたり，支援されているのではなく，あくまで自発的に活動している，という意味合いになる。

リスト 1-12　sample7.html

```
<!DOCTYPE html>
<html lang="ja">
<head>
<meta charset="UTF-8">
<title> ホーム </title>
<style>
body {text-align: center} /*body 要素の text-align プロパティを中央に */
h2 {color: gray;}        /* h2 要素の文字色 color プロパティを灰色に */
p {color: silver;}      /*p 要素の文字色 color プロパティを silver 色に */
</style>
</head>
<body>
<h1> ようこそショップ古炉奈へ </h1>
<p> あなたの生活を豊かにする何かが見つかる店です。</p>
<h2> 新製品発表 </h2>
<p> セミオーダー可能なテーブルをお手軽価格でお届けします。</p>
<h2> キャンペーン実施中 </h2>
<p> おかげさまで創立 10 周年を迎えました。<br>
感謝の気持ちを込めてキャンペーンをご用意しました。</p>
<h2> 社会奉仕活動 </h2>
<p> 本ショップの社員は自発的ボランティアとして地域美化活動を行っています。</p>
</body>
</html>
```

ようこそショップ古炉奈へ

あなたの生活を豊かにする何かが見つかる店です。

新製品発表

セミオーダー可能なテーブルをお手軽価格でお届けします。

キャンペーン実施中

おかげさまで創立10周年を迎えました。
感謝の気持ちを込めてキャンペーンをご用意しました。

社会奉仕活動

本ショップの社員は自発的ボランティアとして地域美化活動を行っています。

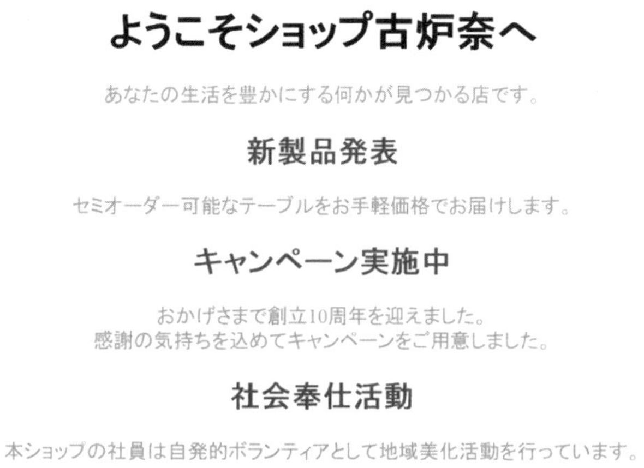

図 1.11　sample7.html の表示

<p> 本ショップの社員は自発的ボランティアとし <em> 地域美化 </em> 活動を行っています。</p>

とすれば，社会奉仕活動には各種あるが，地域美化の活動をしている，という意味合いになる。em 要素のデフォルトの字体はイタリック体である。

〔2〕 **strong 要素**　strong 要素は，文において，特に重要な部分，重大性が特にある部分，特別な意味がある部分を示す。その部分を <strong> と </strong> で囲む。デフォルトの字体は太字である。

〔3〕 **i 要 素**　字体はイタリック体（italic）である。i 要素の i は italic の頭文字である。伝統的慣習的にイタリック体で表現する文字列を <i> と </i> で囲む。文中にある外国語の慣用句，技術用語などに使用する。

〔4〕 **太 字**　b 要素は印刷上，伝統的慣習的に太字で表現する部分を指定するための要素である。b は bold の頭文字である。例えば，技術論文のアブストラクトにおけるキーワードなどである。太字にしたい文字列を <b> と </b> で囲む。

〔5〕 **特殊文字**　< や > を文字として画面表示したい場合がある。しかし HTML 内に < が現れるとブラウザはこれをタグの始まりと解釈し < は文字として表示されない。< や > あるいはキーボードから直接入力できないコピーライトマークなどの特殊文字を表示するために，&~; の形式指定がある。基本的な特殊文字と &~; の対応を**表 1.1** に示す。円記号 ¥ などは &~; を使用しなくても表示できる場合もあるが，環境によっては文字化けする可能性があるので &~; の形式で指定すべきである。

表 1.1 特殊文字の表示

表示したい文字	&~;
<	<
>	>
&	&
"	"
©	©
¥	¥
♥	♥

1.4　class 属性と id 属性

同じ要素が使用されている複数の部分，例えば，リスト 1-12（sample7.html）の 15, 17, 20 行目の 3 箇所の h2 要素，14, 16, 18, 21 行目の 4 箇所の p 要素に対して，CSS を別々に指定したいということがある（リスト 1-10 ですでに別々指定した）。その指定方法が二つある。class 属性による方法と id 属性による方法である。

1.4.1　class　属　性

リスト 1-12（sample7.html）の head 要素の CSS（10 行目）に

```
p.darkclass {color: #777777;}
```

を挿入し sample7_1.html（リスト 1-13）に保存する。要素名 p とクラス名 darkclass との間に半角ピリオドを入れる。要素名.クラス名がセレクタである。そして { と } の間にプロパティ名と値を与える。この場合，p.darkclass がセレクタ，color がプロパティ名，#777777 が値である。#777777 の値で暗い灰色を指定している。要素名.クラス名を **class セレクタ**（クラスセレクタ）と呼ぶ。

body 要素内で 4 箇所ある段落 p のうち，文字の色を #777777 にしたい段落 p が最大見出し h1 の直下の 15 行目の段落のみであるなら，**リスト 1-13** の 15 行目の開始タグ <p> に class="darkclass" を挿入し

```
<p class="darkclass"> あなたの生活を豊かにする何かが見つかる店です。</p>
```

とする。<p class="darkclass"> は，この p 要素の class 属性が darkclass であること

リスト 1-13　sample7_1.html

```
   省略。sample7.html と同じ。
6  <style>
7  body {text-align: center}
8  h2 {color: gray;}
9  p {color: silver;}
10 p.darkclass {color: #777777} /*p 要素のクラス名 darkclass の宣言 */
11 </style>
12 </head>
13 <body>
14 <h1> ようこそショップ古炉奈へ </h1>
15 <p class="darkclass"> あなたの生活を豊かにする何かが見つかる店です。</p>
   省略。sample7.html と同じ。
```

を，よって文字の色 color が #777777 であることを明示している。

結果として，この部分の文字の色が暗い灰色となる。

class セレクタの構文には 3 種類ある。

(1) 要素名.クラス名 {プロパティ名: 値;}：　sample7_1.html（リスト 1-13）の 15 行目がこの構文である。クラス名が class 属性の値である。

(2) *.クラス名 {プロパティ名: 値;}：　アスタリスク * は要素名を限定しないという意味であり，全称セレクタといわれる。よって class="クラス名" が指定されている任意の要素に適用できる。

(3) .クラス名 {プロパティ名: 値;}：　この構文は，(2) のアスタリスクを省略した形である。意味は (2) と同じである。

1.4.2 全称セレクタ

sample7_1.html を変更し，sample7_2.html（**リスト 1-14**）とする。**全称セレクタ**（10 行目）を使用すれば，h1 要素にも p 要素にも有効となり，14, 15 行目で class 属性に darkness を指定すれば，14 行目の見出し h1 とその下の 15 行目の段落の文字の色を暗い灰色にすることができる。

リスト 1-14　sample7_2.html

```
   省略。sample7.html と同じ。
 6 <style>
 7 body {text-align: center}
 8 h2 {color: gray;}
 9 p {color: silver;}
10 *.darkclass {color: #777777}
11 </style>
12 </head>
13 <body>
14 <h1 class="darkclass"> ようこそショップ古炉奈へ </h1>
15 <p class="darkclass"> あなたの生活を豊かにする何かが見つかる店です。</p>
   省略。sample7.html と同じ。
```

1.4.3 id 属性

class 属性（1.4.1 項）を id 属性で記述してみる。CSS において

```
p#darkid {color: #777777;}
```

とする。sample7_1.html の 10 行目をこのように変更し，sample7_3.html に保存す

る。要素名と id 名（識別名）との間に半角シャープ # が入る。要素名#id 名をセレクタとし，{ と } の間にプロパティ名と値を与える。要素名#id 名を **id セレクタ**という。この場合，p#darkid が id セレクタ，color がプロパティ名，#777777 が値である。sample7_3.html の body 要素の 15 行目の p 要素の開始タグ内を

```
<p id="darkid">
```

のように id 属性に darkid を指定するよう変更し，上書きする。表示すると，sample7_1.html 同様にこの部分の文字の色が暗い灰色となる。

id セレクタの構文も 3 種類ある。

(1)　要素名#id 名 {プロパティ名: 値;}：　p#darkid {color: #777777;} がこの構文である。id 名が id 属性の値である。

(2)　*#id 名 {プロパティ名: 値;}：　アスタリスク * は要素名を限定しない全称セレクタである。よって id="id名" が指定されている任意の要素に適用できる。

(3)　#id 名 {プロパティ名: 値;}：　この構文は，(2) のアスタリスクを省略した形である。意味は (2) と同じである。

クラス名，id 名は，半角英数字，半角アンダースコア _，半角ハイフン - からなる文字列である。ただし，半角数字を先頭文字にしてはいけない。英大文字と英小文字は区別される。

1.4.4　class 属性と id 属性の違い

class 属性のクラス名は同じページ中に何回でも使用できる。一方，id 属性の id 名は同じページ中に 1 回しか使用できない。よって id 属性は，1.12 節で説明する main 要素，article 要素，aside 要素，section 要素，nav 要素などで，ページ内対象が特定の 1 箇所である場合，あるいはページ内リンク先などの CSS 指定のために使用されることが多い。

1.5　ブ　ロ　ッ　ク

二つの要素 div 要素と span 要素を使用して，以下の条件を満たすようにリスト 1-12（sample7.html）を編集する。

条件 1：　18 行目の創立 10 周年の部分のみを黒色にする。

条件 2： 三つある h2 要素と各 h2 要素の直下の p 要素を，横幅が 280px のブロック内に入れる。

条件 1 は，class 属性と span 要素の組合せで実現できる。条件 2 を実現するためにはボックスとブロックについて理解する必要がある。

1.5.1 ボ ッ ク ス

HTML の各要素にはそれが表示画面内で占有する**ボックス**と呼ばれる四角の領域がある。ボックスの構造を**図 1.12** に示す。要素内容（要素のコンテンツ）は破線で示した領域内に表示される。ボーダーは境界線であり幅（太さ）をもち，幅，線の種類，色を指定できる。マージンはボーダーの外側の余白であり幅を指定できる。パディングはボーダーの内側の余白であり，幅を指定できる。

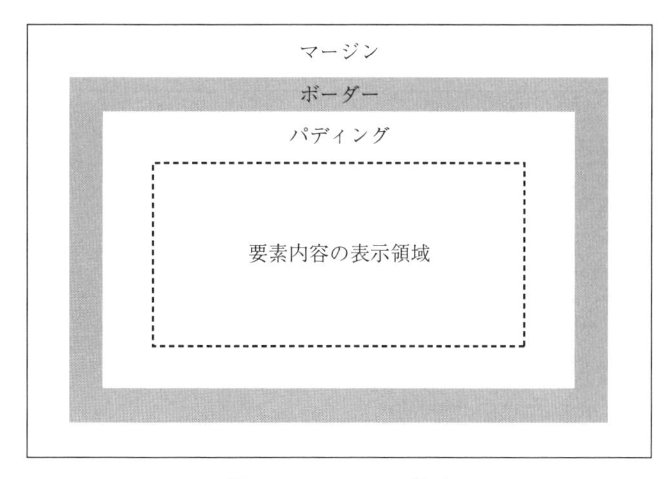

図 1.12 ボックスの構造

1.5.2 マ ー ジ ン

マージン設定のプロパティは，上余白設定の margin-top，右余白設定の margin-right，下余白設定の margin-bottom，左余白設定の margin-left である。余白の幅は，ピクセル数（px），em，あるいは要素内容の表示領域の幅を 100% としたときの割合を % で指定できる。例えば margin-top: 40px; とすれば，上マージンを 40 ピクセルに設定できる。

em とは文字の高さを基準とした相対的な単位である。1 文字の高さはそのときどきの文字のフォントサイズにより変動する。1em はそのときに指定されている文字の高さ一つ分の長さである。

まとめると，CSS の構文は

```
セレクタ {margin-top: "幅"; margin-bottom: "幅";
          margin-left: "幅"; margin-right: "幅";}
```

である。セレクタとしては body，p，h1～h6，ol，ul，table，div などがある。div をセレクタにすれば <div> と </div> で囲んだ部分全体に対して上下左右のマージンを指定できる。

margin プロパティを用いて上下左右などの一括設定をすることができる。指定法を**表 1.2** に示す。この指定法を**ショートハンドプロパティ**という。表 1.2 ではピクセル数で余白を指定している。Apx Bpx Cpx Dpx はそれぞれピクセル数が A B C D ということである。

表 1.2　マージン指定法

指 定 場 所	指　定　例
上下左右全部一括で	margin: Apx;
上下と左右	margin: Apx Bpx;
上と左右と下	margin: Apx Bpx Cpx;
上と右と下と左（時計回りに指定する）	margin: Apx Bpx Cpx Dpx;

px，em，% ではなく auto を指定するとマージンを自動計算してくれる。右寄せしたければ

```
margin-left: auto; margin-right: 0px;
```

とする。ボックスの横幅（width）を指定した状態で

```
margin-left: auto; margin-right: auto;
```

とすると，左右が均等になるようにマージンが自動計算され，セレクタはボックスの水平方向に関して中央に配置される。

1.5.3　パ デ ィ ン グ

パディングの設定法はマージンの設定法とよく似ている。プロパティとして padding-top，padding-right，padding-bottom，padding-left があり，値の指定法も margin と同じであるが，auto は指定できない。padding プロパティを用いた一括指定法も，margin プロパティによる一括指定法（表 1.2）と同じである。

1.5.4 ボ ー ダ ー

ボーダーの幅，種類，色の指定はborderプロパティを使用する。

〔1〕 **幅** プロパティは，border-top-width，border-right-width，border-bottom-width，border-left-width，そして一括指定のborder-widthである。topは上辺，rightは右辺，bottomは下辺，leftは左辺である。値はピクセル数などである。デフォルトの太さは0pxである。border-widthプロパティを用いた一括指定法は，marginプロパティによる一括指定法（表1.2）と同じである。

〔2〕 **種 類** プロパティは，border-top-style，border-right-style，border-bottom-style，border-left-style，そして一括指定のborder-styleである。topは上辺，rightは右辺，bottomは下辺，leftは左辺である。値はsolid（実線），dashed（破線），dotted（点線），double（二重線）などである。幅を指定しないと線は表示されない。border-styleプロパティを用いた一括指定法は，marginプロパティによる一括指定法（表1.2）と同じである。

〔3〕 **色** プロパティは，border-top-color，border-right-color，border-bottom-color，border-left-color，そして一括指定のborder-colorである。topは上辺，rightは右辺，bottomは下辺，leftは左辺である。値は，例えばred，green，blue，pink，purpleのように英語でも，また16進数でも指定できる。border-colorプロパティを用いた一括指定法は，marginプロパティによる一括指定法（表1.2）と同じである。デフォルト色は黒である。

〔4〕 **線種・幅・色の一括指定法** borderプロパティにより，四辺の線種，幅，色を一括指定できる。例えば

```
border: solid 2px red;
```

とすれば，四辺の線種を実線，幅を2px，色を赤にできる。

四辺のうちの一辺のみを指定することもできる。例えば，border-topプロパティにより上辺のみの線種，幅，色を指定できる。例えば

```
border-top: dotted 4px green;
```

のようにする。

border-rightプロパティ，border-bottomプロパティ，border-leftプロパティは，それぞれ右辺，下辺，左辺の線種，幅，色を指定できる。

1.5.5 div 要素と span 要素

1.5 節の冒頭の条件 1 と条件 2 を満たす sample7_4.html を**リスト 1-15** に示す。

リスト 1-15 では，body 要素内の div 要素あるいは span 要素による局所的な CSS 指定をしている。

リスト 1-15　sample7_4.html

```
   省略。sample7.html と同じ。
6  <style>
7  body {text-align: center}
8  h2 {color: gray;}
9  p {color: silver;}
10 div.width-margin {width: 280px; margin-left: auto; margin-right: auto;}
11 span.color {color: black;}
12 </style>
13 </head>
14 <body>
15 <h1> ようこそショップ古炉奈へ </h1>
16 <p> あなたの生活を豊かにする何かが見つかる店です。</p>
17 <div class="width-margin">    <!-- div 要素の class 属性に width-margin を指定 -->
18 <h2> 新製品発表 </h2>
19 <p> セミオーダー可能なテーブルをお手軽価格でお届けします。</p>
20 <h2> キャンペーン実施中 </h2>
21 <p> おかげさまで <span class="color"> 創立 10 周年 </span> を迎えました。<br>
22 感謝の気持ちを込めてキャンペーンをご用意しました。</p>
23 <h2> 社会奉仕活動 </h2>
24 <p> 本ショップの社員は自発的ボランティアとして地域美化活動を行っています。</p>
25 </div>
26 </body>
27 </html>
```

div 要素と span 要素の違いは，div 要素はブロックレベル要素であり，一つの塊（ブロック）を表し，デフォルトでその前後に改行が入ることである。div は division の略である。div 要素は <div>～</div> で囲まれた範囲を一つのブロックとし，ページレイアウトやスタイルを指定する際に活用される。

なお，すでに説明した h1 要素～ h6 要素，p 要素はブロックレベル要素である。span 要素はインライン要素であり，テキスト内の一部分を表す。すでに説明した br 要素もインライン要素である。

リスト 1-15 の 17 行目 <div> と 25 行目の </div> により，三つの h2 要素と三つの p 要素を一つの div 要素とし，一つの塊（ブロック）として扱う。10 行目の

CSS 指定で，div 要素のクラス名 width-margin は横幅 280px であることと左右のマージンが auto であることを指定している。width: 280px; だけだと，この横幅 280px のブロックを画面の左に寄せた表示になる。このブロックは画面の中央に配置したいので，左右の margin プロパティの値指定を

```
margin-left: auto; margin-right: auto;
```

として中央配置を指定する。そして 17 行目の div 要素の開始タグ内で class 属性に width-margin を指定し，div 要素を中央配置している。

11 行目の CSS 指定で span 要素のクラス名 color は，文字の色が黒色であることを指定している。そして 21 行目で span 要素の開始タグ内で class 属性に color を指定し，この span 要素内容のテキストの文字の色を黒色にしている。

結果表示を**図 1.13** に示す。

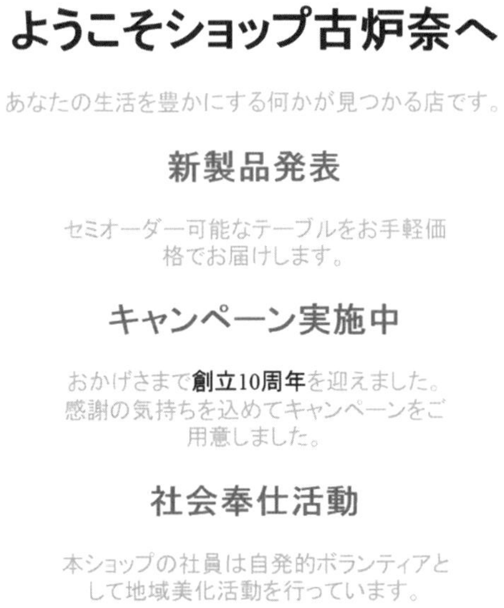

ようこそショップ古炉奈へ

あなたの生活を豊かにする何かが見つかる店です。

新製品発表

セミオーダー可能なテーブルをお手軽価格でお届けします。

キャンペーン実施中

おかげさまで**創立10周年**を迎えました。感謝の気持ちを込めてキャンペーンをご用意しました。

社会奉仕活動

本ショップの社員は自発的ボランティアとして地域美化活動を行っています。

図 1.13 sample7_4.html の表示

1.6 プロパティ値の継承

親要素から子要素に受け継がれる（継承される）プロパティ値と，継承されないプロパティ値がある。これにはプロパティごとに規則があるが，基本的な規則のみを挙げる。

1.6.1　継承されないプロパティ値

margin 関連のプロパティの値，padding 関連のプロパティの値，background 関連のプロパティの値，border 関連のプロパティの値は継承されない。

ただし，値に inherit と指定すれば，親要素のプロパティの値を継承することができる。**リスト 1-16**（sample8.html）の 8 行目のように inherit 指定すれば，body 要素内において，p 要素の親要素である div 要素の border プロパティと margin プロパティの値を子要素の p 要素が継承し，p 要素にもボーダー（1px の実線）が引かれ，5px のマージンが生まれる。**図 1.14** に示す。8 行目を削除し inherit 指定しなければ，border プロパティ，margin プロパティの値は継承されないので p 要素にボーダーは引かれないし，マージンもない（sample8_1.html に保存）。

リスト 1-16　sample8.html

```
   省略。sample7.html の 4 行目までと同じ。
5  <title> 継承 </title>
6  <style>
7  div {border: solid 1px; margin: 5px; width: 500px; }
8  p {border: inherit; margin: inherit;}  /* 親の border，margin プロパティを継承する */
9  </style>
10 <body>
11 <div>
12 ここ div 要素 (親) は枠線で囲まれ、上下左右に余白あり。
13 <p> ここ p 要素 (子) にも枠線、上下左右に余白あり。<br>
14 親の div 要素の border プロパティと margin プロパティの値を継承したから。</p>
15 ここ div 要素 (親) は枠線で囲まれ、上下左右に余白あり。
16 </div>
17 </body>
18 </html>
```

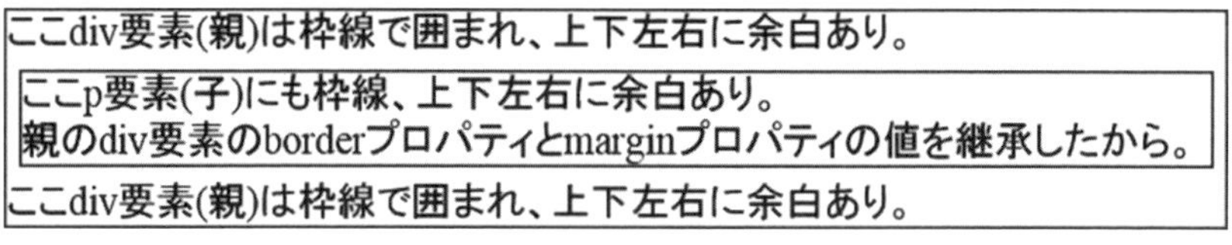

ここdiv要素(親)は枠線で囲まれ、上下左右に余白あり。
ここp要素(子)にも枠線、上下左右に余白あり。
親のdiv要素のborderプロパティとmarginプロパティの値を継承したから。
ここdiv要素(親)は枠線で囲まれ、上下左右に余白あり。

図 1.14　プロパティ値の継承（sample8.html）

1.6.2　継承されるプロパティ値

〔1〕　文字スタイルのプロパティ値　　color，font-size など文字の CSS 指定のプロパティ値は継承される。

ただし，文字サイズの値の継承には注意点がある。

親要素から子要素へ文字サイズの値が継承される場合，px（ピクセル数）単位による文字サイズ指定の場合には指定値がそのまま継承される。しかし相対的な単位である % 指定は，親要素の % 指定値が継承され，子要素でさらに % 指定をすると，親要素の % 指定値と子要素の % 指定値の乗算結果が文字サイズに適用される。em も文字サイズ指定に関しては % と同様の計算が実行される相対的な単位となる。

例えば，**リスト 1-17**（sample9.html）のように body 要素で文字サイズ 16px を指定し，子要素の div 要素で 150% を指定し，孫要素の p 要素で 1.5em を指定すると，孫要素である p 要素の文字サイズは 16×1.5em の 24px ではなく，16×150%×1.5em＝36px となる。表示結果を**図 1.15** に示す。div 要素と p 要素のボーダー，マージンはリスト 1-16（sample8.html）と同じにしている。

〔2〕 行の高さを指定する line-height プロパティ値　line-height プロパティ

リスト 1-17　sample9.html

```
   省略。sample7.html の 4 行目までと同じ
5  <title> 文字サイズの継承 </title>
6  <style>
7  body {font-size: 16px;}
8  div {font-size: 150%;}
9  p {font-size: 1.5em;}
10 div {border: solid 1px; margin: 5px; width: 750px; }
11 p {border: inherit; margin: inherit;}
12 </style>
13 <body>
14 body 要素の文字サイズは 16px
15 <div>
16 ここは div 要素 <br>
17 親の body 要素の文字サイズ 16px を継承 <br>
18 よって div 要素の文字サイズは 16px×150%＝24px
19 <p> ここは p 要素 <br>
20 親の div 要素の文字サイズ 24px を継承 <br>
21 p 要素の文字サイズは 24px×1.5em=36px<br>
22 body 要素文字サイズの 1.5 倍の 24px ではない
23 </p>
24 ここは div 要素だから 24px
25 </div>
26 ここは body 要素、文字サイズは 16px
27 </body>
28 </html>
```

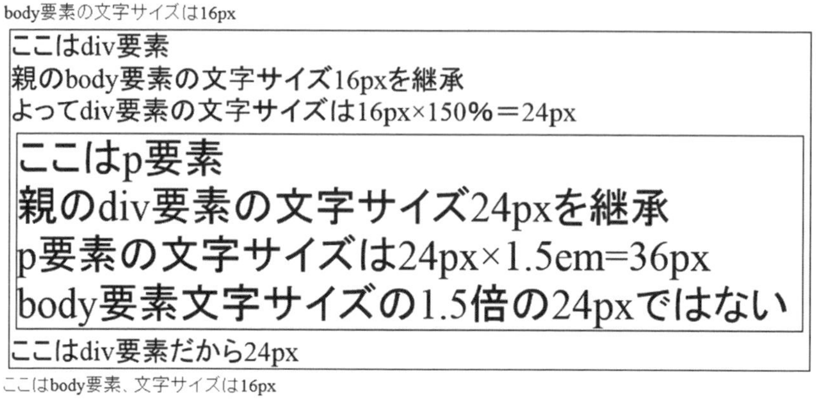

body要素の文字サイズは16px

ここはdiv要素
親のbody要素の文字サイズ16pxを継承
よってdiv要素の文字サイズは16px×150%＝24px

ここはp要素
親のdiv要素の文字サイズ24pxを継承
p要素の文字サイズは24px×1.5em=36px
body要素文字サイズの1.5倍の24pxではない

ここはdiv要素だから24px

ここはbody要素、文字サイズは16px

図 1.15　sample9.html の表示

は文字が配置される行の高さを文字サイズに対する比率で指定でき，継承される。しかし % 指定すると，文字が行をはみ出すという不都合が起こる場合がある。例えば，sample9.html の CSS の body セレクタ（7 行目）において，行の高さを文字サイズの 1.2 倍にして，文字の上下に余裕をもたせようとして，sample9.html の 7 行目を

```
body {line-height: 120% ; font-size: 16px;}
```

とすると（sample9_1.html に保存），**図 1.16** のように文字が行をはみ出してしまう。

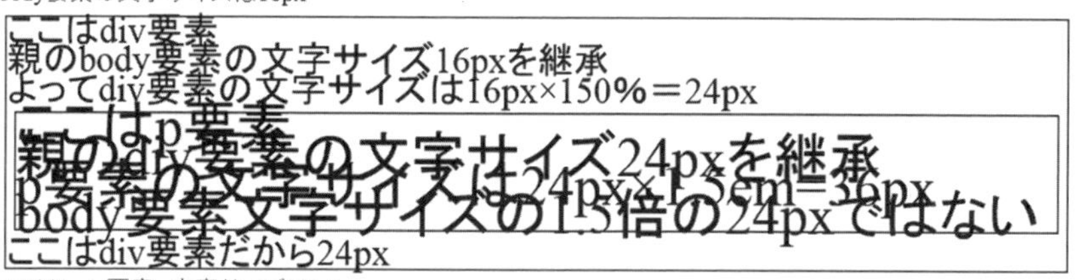

図 1.16　line-height プロパティ値の % 指定の継承

親要素の body 要素の文字サイズは 16px だから，行の高さはその 120% の 20.8px となり，この値が子要素の div 要素，孫要素の p 要素に継承される。一方，文字サイズは div 要素で 24px（16px × 150%），p 要素において 36px（16px × 150% × 1.5em）であるから，div 要素，p 要素において文字サイズが行の高さを超えてしまうからである。line-height プロパティ値を 120% から単位なし実数値 1.2 での指

定にすると，継承される値，すなわち比率はその要素での文字サイズに対する行の高さ比率となる。よって div 要素での行の高さは 24×1.2＝28.8px，p 要素での行の高さは 36×1.2＝43.2px となり，文字は行をはみ出さない。そのため line-height プロパティには単位なし実数値を指定する。sample9.html（リスト 1-17）の 7 行目をつぎのようにし（sample9_2.html に保存）

```
body {line-height: 1.2; font-size: 16px;}
```

文字の上下に余裕ができたことを確認しよう。

1.7 箇　条　書　き

複数の項目を列挙するときは箇条書き（かじょうがき）を用いると見やすくなる。

HTML では箇条書きのことをリストといい，箇条書きの作成に li 要素を用いる。li は list の略である。箇条書きには順序なしと順序付きがある。

1.7.1 順序なし箇条書き

箇条書きの各項目を <li> と </li> で囲み，全体を <ul> と </ul> で囲む。ul 要素の ul は unordered list の頭文字である。このとき，箇条書きの各項目の頭に付くデフォルトのマークは黒丸●である。マーク変更の CSS の構文は

```
ul {list-style-type: マーク種類;}
```

である。セレクタが ul，プロパティ名が list-style-type である。

マーク種類の値には，disc（黒丸●，デフォルト値），circle（白丸○），square（黒四角■），none（マークなし）がある。

例として Web ショップのキャンペーンページを作成してみる（**リスト 1-18** sample10.html）。表示を**図 1.17** に示す。7 行目で項目の頭マークを square（黒四角）にしてある。

図 1.17 の四つの項目を，上 2 項目，下 2 項目に分け，上 2 項目の頭マークを黒丸，下 2 項目の頭マークを白丸にしたければ，**リスト 1-19**（sample11.html）のように 7 行目の CSS で ul 要素のクラス名 circle は頭マークが白丸であると宣言する。そして 15 行目の ul 要素の開始タグ内で class 属性を circle とし，ul 要素内容の頭マークを白丸にしている。表示結果を**図 1.18** に示す。デフォルトの頭マークは黒丸なので，頭マークが黒丸の場合は class セレクタを新たにつくる必要はない。

リスト 1-18　sample10.html

```
   省略。sample7.html の 4 行目までと同じ。
5  <title> 順序なし箇条書き </title>
6  <style>
7  ul {list-style-type: square;}
8  </style>
9  </head>
10 <body>
11 <ul>
12 <li>8 月 1 日 0 時から 8 月 4 日 0 時まで </li>
13 <li>72 時間限定 </li>
14 <li> ポイント 10 倍！ </li>
15 <li> 日替わりでアイテム 20%割引！ </li>
16 </ul>
17 </body>
18 </html>
```

- 8月1日0時から8月4日0時まで
- 72時間限定
- ポイント10倍！
- 日替わりでアイテム20%割引！

図 1.17　順序なし箇条書き

リスト 1-19　sample11.html

```
   省略。sample7.html の 4 行目までと同じ。
5  <title> 順序なし箇条書き </title>
6  <style>
7  ul.circle {list-style-type: circle;}
8  </style>
9  </head>
10 <body>
11 <ul>
12 <li>8 月 1 日 0 時から 8 月 4 日 0 時まで </li>
13 <li>72 時間限定 </li>
14 </ul>
15 <ul class="circle">
16 <li> ポイント 10 倍！ </li>
17 <li> 日替わりでアイテム 20%割引！ </li>
18 </ul>
19 </body>
20 </html>
```

• 8月1日0時から8月4日0時まで
• 72時間限定

◦ ポイント10倍！
◦ 日替わりでアイテム20%割引！

図 1.18　頭マークの変更

このままだと，上 2 項目の ul 要素と下 2 項目の ul 要素の間に 1 行の空行が入る。理由は ul 要素がブロックレベル要素だからであり，ブロックレベル要素の前後には改行が入るからである。もし間を空けたくなければ，ul 要素を構成するボックスのマージンを 0 に設定することにより，二つの ul 要素の間に空行が入らないようにする。**リスト 1-20**（sample12.html）の CSS 指定では，7, 8 行目で ul 要素のクラス名 disc を margin-bottom が 0 と宣言し，9, 10 行目で ul 要素のクラス名 circle

リスト 1-20　sample12.html

```
   省略。sample11.html の 5 行目までと同じ。
6  <style>
7  ul.disc
8  {list-style-type: disc; margin-bottom: 0;}
9  ul.circle
10 {list-style-type: circle; margin-top: 0;}
11 </style>
12 </head>
13 <body>
14 <ul class="disc">
15 <li>8 月 1 日 0 時から 8 月 4 日 0 時まで </li>
16 <li>72 時間限定 </li>
17 </ul>
18 <ul class="circle">
19 <li> ポイント 10 倍！ </li>
20 <li> 日替わりでアイテム 20%割引！ </li>
21 </ul>
22 </body>
23 </html>
```

• 8月1日0時から8月4日0時まで
• 72時間限定
◦ ポイント10倍！
◦ 日替わりでアイテム20%割引！

図 1.19　margin による位置調整

を margin-top が 0 と宣言する。マージンが 0px のときは px を省略することができる。14 行目の上の ul 要素の開始タグ内でこの ul 要素の class 属性に disc を指定し，18 行目の下の ul 要素の開始タグ内でこの ul 要素の class 属性に circle を指定している。表示結果を**図 1.19** に示す。

1.7.2　順序付き箇条書き

箇条書きの各項目を <li> と </li> で囲み，全体を <ol> と </ol> で囲む。ol 要素の ol は ordered list の頭文字である。ol 要素においてデフォルトでは各項目の頭に 1 から始まる番号が順に付与される。数字番号以外の例えばアルファベット，ローマ数字を使用する変更指定の CSS の構文は

```
ol {list-style-type: 番号種類;}
```

である。ol がセレクタである。番号種類の値は，decimal（数字，デフォルト値），upper-alpha（A から始まる英大文字），lower-alpha（a から始まる英小文字），upper-roman（I から始まる大文字ローマ数字），lower-roman（i から始まる小文字ローマ数字），none（マークなし）などがある。**リスト 1-21**（sample13.html）の結果表示を**図 1.20** に示す。8 行目の <ol> と 13 行目の </ol> で囲んでいる。

リスト 1-21　sample13.html

```
    省略。sample7.html の 4 行目までと同じ。
 5  <title> 順序付き箇条書き </title>
 6  </head>
 7  <body>
 8  <ol>
 9  <li> 新規会員登録 (既会員はスキップ)</li>
10  <li> ログイン </li>
11  <li> アイテム選択と購入 </li>
12  <li> ログアウト後にポイント付与 </li>
13  </ol>
14  </body>
15  </html>
```

1. 新規会員登録(既会員はスキップ)
2. ログイン
3. アイテム選択と購入
4. ログアウト後にポイント付与

図 1.20　順序付き箇条書き

1.7.3　リスト関連プロパティ

リスト関連の他のプロパティに関して説明する。

〔1〕 **list-style-image プロパティ**　　画像を頭マークに指定できる。値を url（画像のファイル名指定）とする。画像のファイル名指定の部分は，画像ファイルへのパスを記述する。値を none にすると頭マークの画像は表示されない。

〔2〕 **list-style-position プロパティ**　　値を inside にすると頭マークの表示位置を文字列表示領域内の先頭に指定できる。デフォルト値は outside である。

〔3〕 **list-style プロパティ**　　リスト関連プロパティの値を一括指定できる。値は半角スペースで区切る。指定する値の順番は，list-style-type，list-style-image，list-style-position である。値を none にすると，list-style-type と list-style-image の両方の値を none に指定したことになる。

1.7.4　箇条書きの中央配置

図 1.20 の順序付き箇条書きを中央配置にしようとしてリスト 1-21 の sample13.html に CSS

```
<style>
ol {text-align: center;}
</style>
```

を追加する（sample14.html に保存）。そうすると文字列は中央配置になるが，頭マークは左寄せになって，頭マークと文字列が大きく離れてしまう。このような場合には margin プロパティによる指定が活用できる。

箇条書きを中央配置にし，かつ項目の頭マークを垂直方向に揃えるには，ul あるいは ol をセレクタにし，width プロパティで横幅（一番長い箇条書きより大きな値）を指定し，左のマージンと右のマージンの値を auto に，text-align プロパティの値を left に指定すればよい。<style>ol {text-align: center;}</style> ではなくて

```
<style>
ol {text-align: left; width: 300px; margin-left: auto; margin-right: auto;}
</style>
```

とすれば（sample14_1.html に保存），図 1.20 の箇条書きをほぼ中央配置できる。この例は順序付き箇条書きなので，セレクタは ol である。

1.8 画　　　像

現実のほとんどの Web ページには画像が貼り付けられている。本節では画像の貼り付け方について説明する。いま，ファイルが格納されている webshop フォルダ内に図 1.21 の画像ファイル chair1.jpg があるとしよう。

1.8.1 img　要　素

画像ファイル chair1.jpg を Web ページに貼り付ける sample15.html を**リスト 1-22** に示す。表示は**図 1.21** と同じである。リスト 1-22 の 8 行目の img 要素の src 属性に画像ファイルを指定することにより貼り付ける。HTML の構文は

```
<img src="URL" width="幅" height="高さ" alt="代替テキスト">
```

である。img 要素は終了タグのない空要素であり，インライン要素である。

リスト 1-22　sample15.html

```
1  <!DOCTYPE html>
2  <html lang="ja">
3  <head>
4  <meta charset="UTF-8">
5  <title> イス </title>
6  </head>
7  <body>
8  <img src="chair1.jpg" alt="">
9  </body>
10 </html>
```

図 1.21　イ　　ス

URL は画像ファイルの URL である。sample15.html と画像ファイル chair1.jpg は同じフォルダ内にあるので単に画像ファイル名を指定すればよい。異なるフォルダにある場合は，パス（相対パスあるいは絶対パス）を正確に指定する必要がある。デフォルトでは画像に枠はない。

幅は画像表示の横方向のサイズ（ピクセル単位で指定），高さは画像表示の縦方向のサイズ（ピクセル単位で指定），代替テキストは画像表示できないときに表示する文である。特に表示する文がない場合は alt="" としておく。幅と高さを指定することにより，大きすぎる画像を縮小したり，小さすぎる画像を拡大したりして貼り付けることができる。幅，高さの指定は省略してもよい。

1.8.2 画像ファイル形式

画像ファイル形式としては GIF，JPG，PNG がある。

〔1〕 **GIF**　GIF は 256 色以下でファイルサイズを小さくでき，イラスト，アイコン，ロゴなどに使用されている。透過に対応している。

〔2〕 **JPG**　JPG は約 1678 万色であり，多くの写真のファイル形式として採用されている。

〔3〕 **PNG**　PNG は GIF に代わるファイル形式として開発され，圧縮に強く，透過に対応している。写真ではファイルサイズが JPG に比べ大きくなる。

透過とは画像のある一色を透明にできることである。手前にあるアイコンとかロゴといった前景画像以外の部分が一色であればそれを透明にできる。例えば，アイコンが透過 GIF の場合，中央にあるアイコン（前景画像）以外の一色部分を透明にすることにより，別の背景の上に置いた場合，その背景色，背景画像が透過して見える（本書では透過手法についての説明はしない）。

1.8.3 画像のボーダー

リスト 1-23（sample16.html）は画像に枠（ボーダー）を付けた例であり，その表示を**図 1.22** に示す。リスト 1-23 の 7 行目でセレクタを img 要素とし，画像のボーダーのプロパティ名とその値を指定している。border-style プロパティ（1.5.4 項）はボーダーの線種であり，値 solid は実線である。border-width プロパティ（1.5.4 項）は線の太さであり，7 行目では 1 ピクセルの太さを値としている。

リスト 1-23　sample16.html

```
   省略。sample15.html の 4 行目までと同じ。
5  <title> 枠付きイス画像 </title>
6  <style>
7  img {border-style: solid; border-width: 1px;}
8  </style>
9  </head>
10 <body>
11 <img src="chair1.jpg" alt="">
12 </body>
13 </html>
```

図 1.22　枠付き画像

1.8.4　回り込み指定

リスト 1-24（sample17.html）ではこの画像に説明文を付けている。結果表示を**図 1.23** に示す。この例では画像と文字列の位置関係がわかるように画像にボー

リスト 1-24　sample17.html

```
   省略。sample15.html の 4 行目までと同じ
5   <title> イス (説明文付き)</title>
6   <style> img {border-style: solid; border-width: 1px;}</style>
7  </head>
8  <body>
9  <p>
10 <img src="chair1.jpg" alt="">
11 イス FC002 はメイプル無垢材です。時間の経過とともに飴色になります。<br>
12 本製品の座面高は 42cm ですが、1cm 刻みの脚カットを無料でお受けします。
13 </p>
14 </body>
15 </html>
```

イスFC002はメイプル無垢材です。時間の経過とともに飴色になります。
本製品の座面高は42cmですが、1cm刻みの脚カットを無料でお受けします。

図 1.23　画像と文字列

ダーを付けている。

ここで説明文の1行目のみが画像の横に配置されているが，2行目は画像の下に配置されている。img 要素はインライン要素なので，画像は1行の文の先頭となり，引き続く文「イス FC002〜」は画像の横の同じ行内に配置されるが，br 要素があるのでそこで改行され，画像の行のつぎの行に配置される。

二つの文をそれぞれ段落（p 要素）にした**リスト 1-25**（sample18.html）の表示は**図 1.24** のようになる。

リスト 1-25　sample18.html

```
   省略。sample15.html の 4 行目までと同じ。
5  <title> イス (p 要素による説明文)</title>
6  <style> img {border-style: solid; border-width: 1px;}</style>
7  </head>
8  <body>
9  <img src="chair1.jpg" alt="">
10 <p> イス FC002 はメイプル無垢材です。時間の経過とともに飴色になります。</p>
11 <p> 本製品の座面高は 42cm ですが、1cm 刻みの脚カットを無料でお受けします。</p>
12 </body>
13 </html>
```

イスFC002はメイプル無垢材です。時間の経過とともに飴色になります。

本製品の座面高は42cmですが、1cm刻みの脚カットを無料でお受けします。

図 1.24　イス（p 要素による説明文）

p 要素はブロックレベル要素であり，その前後に改行が入る。最初の p 要素の前に改行が入るので画像の下に最初の p 要素が配置され，2番目の p 要素も改行され，さらに下に配置される。

すべての説明文（この場合はわずか2行だが）を画像の横に配置したい場合に，float プロパティにより画像を左に配置するか右に配置するかを指定する。CSS の

構文は

　　img {float: 位置;}

である。画像（img 要素）を左配置して，以降の要素（文字列であったり，段落であったり）をその右横に回り込ませたいときは位置を left にする。その逆に画像を右配置し，以降の要素をその左横に回り込ませたければ位置を right にする。個々の画像において回り込み指定する，しないを切り替える場合に備え，**リスト 1-26**（sample19.html）では class 属性を活用している（いま，画像は 1 枚だが）。

回り込み指定を導入したリスト 1-26 の 8 行目の CSS で，クラス名 left の float プロパティの値を left と宣言している。そして 12 行目の img 要素の開始タグ内にて class 属性に left を指定する。よって**図 1.25** のように img 要素のつぎにある段落（p 要素）は二つとも画像の右横に回り込んでいる。7 行目に指定した img {border: solid 1px; margin-right: 15px;} により，画像のボーダー（枠）を太さ 1px の実線にし，画像の右に 15 ピクセルのマージンを設定している。マージンを入れたのは，このままだと文字が画像にぴったりくっつきすぎているからである。

リスト 1-26　sample19.html

```
   省略。sample15.html の 4 行目までと同じ。
5  <title> イス (回り込み指定)</title>
6  <style>
7   img {border: solid 1px; margin-right: 15px;}
8   *.left {float: left;}
9  </style>
10 </head>
11 <body>
12 <img src="chair1.jpg" alt="" class="left">
13 <p> イス FC002 はメイプル無垢材です。時間の経過とともに飴色になります。</p>
14 <p> 本製品の座面高は 42cm ですが、1cm 刻みの脚カットを無料でお受けします。</p>
15 </body>
16 </html>
```

イスFC002はメイプル無垢材です。時間の経過とともに飴色になります。

本製品の座面高は42cmですが、1cm刻みの脚カットを無料でお受けします。

図 1.25　回り込み指定

1.8.5 回り込み解除

図 1.25 の説明文の 2 番目の p 要素を画像の右横ではなく，画像下に配置したい場合には回り込み解除の指定をする。CSS の構文は

セレクタ {clear: 値;}

である。値が left ならば左配置を解除，right ならば右配置を解除，both ならば左右どちらの配置も解除する。clear プロパティを指定したブロックレベル要素の直前で回り込みを解除する。

リスト 1-27（sample20.html）の 9 行目の CSS でクラス名を clear-both とし，clear プロパティに値 both を宣言している。そして 15 行目の説明文の 2 番目の p 要素の開始タグ内にて class 属性に clear-both を指定し，この p 要素の直前で回り込みを解除している。表示を**図 1.26** に示す。この例の場合，clear プロパティの値

リスト 1-27　sample20.html

```
   省略。sample15.html の 4 行目までと同じ。
5  <title> イス (回り込み解除)</title>
6  <style>
7   img {border: solid 1px; margin-right: 15px; margin-bottom: 15px;}
8   *.left {float: left;}
9   *.clear-both {clear: both} /*クラス名 clear-both の clear プロパティ both の宣言 */
10 </style>
11 </head>
12 <body>
13 <img src="chair1.jpg" alt="" class="left">
14 <p> イス FC002 はメイプル無垢材です。時間の経過とともに飴色になります。</p>
15 <p class="clear-both"> <!-- p 要素の class 属性に 9 行目 CSS の clear-both を指定 -->
16 本製品の座面高は 42cm ですが、1cm 刻みの脚カットを無料でお受けします。</p>
17 </body>
18 </html>
```

イスFC002はメイプル無垢材です。時間の経過とともに飴色になります。

本製品の座面高は42cmですが、1cm刻みの脚カットを無料でお受けします。

図 1.26　回り込みの解除

は left でよいが，回り込みを指定した float プロパティ値が left でも right でも回り込みが解除できるように both としている。なお 7 行目の CSS により，画像下にも margin-bottom プロパティで 15px のマージンを入れている。

1.8.6 画像説明文の縦方向位置の調整

説明文を画像の横に配置したとき，説明文の縦方向の位置関係（トップ，中央，底）の調整には vertical-align プロパティと display プロパティを用いる。

〔1〕 **vertical-align プロパティ**　　vertical-align プロパティは画像，文字列などのインライン要素に対して有効であり，インライン要素の縦方向の位置を指定できる。h1〜h6，p などはブロックレベル要素であるから vertical-align プロパティによる CSS 指定はできない。プロパティ値が top ならば行の上端，middle ならば行の真ん中，bottom ならば行の下端である（**図 1.27** 参照）。vertical-align プロパティのデフォルト値は baseline であり，画像の下端は baseline になる。図 1.27 に vertical-align プロパティ値と行の高さ指定の line-height プロパティ，および font-size プロパティとの関係を示した。

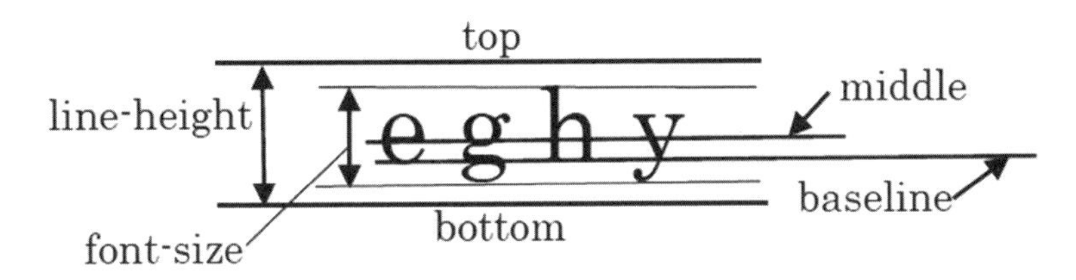

図 1.27　vertical-align と line-height と font-size の関係

画像と文字列を横に並べると画像の下にわずかな余白ができる。この余白は，baseline と bottom の差に起因しており，例えば img {vertical-align: bottom;} とすれば，画像が baseline から下の bottom に下がり，余白はなくなる。

〔2〕 **display プロパティ**　　display プロパティの値を inline-block とすると，要素はインライン要素のように行内に横並び表示されるが，その要素自体はブロックレベル要素の表示形式となる。1.12.3 項〔3〕で詳しく述べる。ここでは inline-block により，ブロックレベル要素である p 要素をインライン要素とし，画像と同じ行に配置する。p 要素のブロックレベル要素としての表示は維持される。一方，画像は vertical-align プロパティが有効なインライン要素なので値を middle

にして，説明文（p 要素）に対する縦方向の位置を真ん中にする。**リスト 1-28**（sample21.html）の結果表示を**図 1.28** に示す。8, 9, 13, 14 行目のコメントを参照してほしい。

リスト 1-28　sample21.html

```
   省略。sample15.html の 4 行目までと同じ。
5  <title> イス (説明文を画像の縦中央に)</title>
6  <style>
7  img {border: solid 1px; margin-right: 15px;}
8  *.display {display: inline-block;} /*クラス名 display の宣言 */
9  *.valign {vertical-align: middle;} /*クラス名 valign の宣言 */
10 </style>
11 </head>
12 <body>
13 <img  class="valign" src="chair1.jpg" alt=""> <!--img 要素の class 属性は valign -->
14 <p class="display">  <!-- この p 要素の class 属性は display -->
15 イス FC002 はメイプル無垢材です。時間の経過とともに飴色になります。<br>
16 本製品の座面高は 42cm ですが、1cm 刻みの脚カットを無料でお受けします。</p>
17 </body>
18 </html>
```

図 1.28　画像の縦中央配置

画像を右にしたければ，リスト 1-28（sample21.html）の img 要素と p 要素の順を逆にする（sample21_1.html に保存）。

1.8.7　壁紙

画像を壁紙にすることができる。

background-image プロパティを用いる。CSS の構文は

```
background-image: url(" 画像ファイルへのパス ");
```

である。**リスト 1-29**（sample22.html）の表示を**図 1.29** に示す。いま，画像ファイルを lattice1.gif とし，sample22.html と同じフォルダ内にあるとする。

リスト 1-29　sample22.html

```
   省略。sample15.html の 4 行目までと同じ。
5  <title> 壁紙 </title>
6  <style>
7  body {background-image:url("lattice1.gif");}
8  </style>
9  <body>
10 <h1> ようこそショップ古炉奈へ </h1>
11 </body>
12 </html>
```

図 1.29　壁　紙

1.9　表

スケジュールなど，表を使用することによってページ内容を見やすくすることができる。表はテーブルともいう。

1.9.1　基 本 構 文

表は，マス目とそれを囲む枠線（罫線とか内側罫線ともいう），そして表全体を囲む外枠線で構成される。これら枠線，罫線のことをボーダー，マス目のことを**セル**という。まず**図 1.30** を作成したいとする。一つ一つのセルを囲む枠線と，表全体を囲む外枠線から構成されるため，ボーダーが二重線に見える。一本線にもできる（1.9.3 項）。表は table 要素により作成する。table 要素はブロックレベル要素であり，HTML の構文は

```
<table border>
  <tr><td> 左上 </td><td> 右上 </td></tr>
  <tr><td> 左下 </td><td> 右下 </td></tr>
</table>
```

である。

左上	右上
左下	右下

図 1.30　表の構造

リスト 1-30　sample23.html

```
   省略。sample15.html の 4 行目までと同じ。
5  <title> 表 </title>
6  </head>
7  <body>
8  <table border>
9  <tr><td> 左上 </td><td> 右上 </td></tr>
10 <tr><td> 左下 </td><td> 右下 </td></tr>
11 </table>
12 </body>
13 </html>
```

表の作成手順はつぎのようである。

ステップ 1：　表全体を <table border> と </table> で囲む。表はレイアウト目的で使用しないことが推奨されており，table 要素の開始タグ内の border 属性は表をレイアウトのために使用していないことの宣言である。border 属性を入れて，かつ CSS でなにも設定しないとボーダーありの表となる。border 属性を入れないで，かつ CSS でなにも設定しないとボーダーなしの表となる。CSS でボーダーの太さ，線種，色を指定することができる。

ステップ 2：　1 行分（この場合はセル二つ）を <tr> と </tr> で囲む。行というのは横方向のセルの並びである。これが **tr 要素**である。tr は table row の頭文字である。

ステップ 3：　各セルのデータをセルごとに <td> と </td> で囲む。これが **td 要素**である。この場合はセルが二つあるから <td> 左上 </td><td> 右上 </td> とする。td は table data の頭文字であり，表のセル内に入れるデータを意味する。

ステップ 4：　つぎの行に対しても，上記のステップ 2)，3) を実行する。

ステップ 5：　すべての行の処理が終了するまでステップ 4) を繰り返す。

この図 1.30 を作成する sample23.html を**リスト 1-30** に示す。

つぎに**図 1.31** に示すようなショップのキャンペーン日程とその内容の表を作成する。**リスト 1-31** に sample24.html を示す。

表作成において，特に指定をしなければセル内の文字列は，横方向に関しては左に寄せられ，縦方向に関しては中央に置かれる（変更方法は 1.9.5 項）。

リスト 1-31（sample24.html）の 20 行目の最初にある <td></td> という間には

リスト 1-31　sample24.html

```
   省略。sample15.html の 4 行目までと同じ。
5  <title> キャンペーン日程表 </title>
6  </head>
7  <body>
8  <table border>
9  <tr>
10    <td> 日程 </td><td> 内容 </td>
11 </tr>
12 <tr>
13    <td>8 月 1 日 </td><td> 家具 20%割引 </td>
14 </tr>
15 <tr>
16    <td>8 月 2 日 </td>
17 <td> 午前：雑貨 20%割引 </td>
18 </tr>
19 <tr>
20    <td></td><td> 午後：全品 20%割引 </td>
21 </tr>
22 </table>
23 </body>
24 </html>
```

日程	内容
8月1日	家具20%割引
8月2日	午前:雑貨20%割引
	午後:全品20%割引

図 1.31　キャンペーン日程表

なにも入っていない，つまりセルの内容が入力されていない部分がある。このような場合，対応するセルは空白セルとなる（図 1.31 の左の一番下のセル）。

1.9.2 見　出　し　行

図 1.31 において，その 1 行目の日程，内容はこの表の見出し行に当たる。そこでこの見出し部分を見出し行らしく見せるには，最初の tr 要素の td 要素を **th 要素**に変更する。リスト 1-31（sample24.html）の 10 行目を

```
<th>日程</th><th>内容</th>
```

に変更し，sample25.html に保存する。

結果表示を**図 1.32** に示す。th は table header の頭文字である。header（ヘッダ）

日程	内容
8月1日	家具20%割引
8月2日	午前:雑貨20%割引
	午後:全品20%割引

図 1.32　見出し行に変更

は見出しのことである。th 要素においてはセル内の文字列は太字で，縦方向，横方向とも中央配置となり，見出し行らしくなる。

1.9.3 ボーダー

ボーダーを一本線にする。デフォルトでは表のボーダー（外枠）とセルのボーダーは独立したボーダーとして表示されるため二重線になっている。これは border-collapse プロパティにより変更できる。このプロパティの値には collapse と separate がある。

```
border-collapse: collapse;
```

とすれば一本線に

```
border-collapse: separate;
```

とすれば，表のボーダーとセルのボーダーを独立に指定，調整することができる。

一本線にする sample26.html を**リスト 1-32** に示す。

7 行目の CSS で table 要素のクラス名 tableclass1 の border-collapse プロパティ値を collapse と宣言し，11 行目でこの table 要素の class 属性に tableclass1 を指定する。

結果表示を**図 1.33** に示す。

リスト 1-32　sample26.html

```
   省略。sample15.html の 4 行目までと同じ。
5  <title> キャンペーン日程表 </title>
6  <style>
7  table.tableclass1 {border-collapse: collapse;}
8  </style>
9  </head>
10 <body>
11 <table border class="tableclass1">
12 <tr><th> 日程 </th><th> 内容 </th></tr>
13 <tr><td>8 月 1 日 </td><td> 家具 20%割引 </td></tr>
14 <tr><td>8 月 2 日 </td><td> 午前：雑貨 20%割引 </td></tr>
15 <tr><td></td><td> 午後：全品 20%割引 </td></tr>
16 </table>
17 </body>
18 </html>
```

日程	内容
8月1日	家具20%割引
8月2日	午前:雑貨20%割引
	午後:全品20%割引

図 1.33　1 本線のボーダー

1.9.4 セル幅

図 1.33 を見ると，文字列がセルいっぱいに入っている。そこで，余裕をもたせた配置にするためにセル幅を広げる指定をする。例えば，日程の幅を 80px，内容の幅を 180px にする sample27.html を**リスト 1-33** に，その表示を**図 1.34** に示す。

縦方向の 1 列をカラム（column）といい，col と略す。リスト 1-33 の 14 行目で，左のカラムの col 要素の class 属性に first を，右のカラムの col 要素の class 属性に second を指定し，全体を <colgroup> と </colgroup> で囲んでいる。つまり，

リスト 1-33　sample27.html

```
   省略。sample15.html の 4 行目までと同じ。
5  <title> キャンペーン日程表 </title>
6  <style>
7  table.tableclass1 {border-collapse: collapse;}
8  col.first {width: 80px;}
9  col.second {width: 180px;}
10 </style>
11 </head>
12 <body>
13 <table border class="tableclass1">
14 <colgroup><col class="first"><col class="second"></colgroup>
15 <tr><th> 日程 </th><th> 内容 </th></tr>
16 <tr><td>8 月 1 日 </td><td> 家具 20%割引 </td></tr>
17 <tr><td>8 月 2 日 </td><td> 午前：雑貨 20%割引 </td></tr>
18 <tr><td></td><td> 午後：全品 20%割引 </td></tr>
19 </table>
20 </body>
21 </html>
```

日程	内容
8月1日	家具20%割引
8月2日	午前:雑貨20%割引
	午後:全品20%割引

図 1.34　セル幅の指定

body 要素における HTML の構文は

```
<colgroup><col class="クラス名">----<col class="クラス名"></colgroup>
```

である。クラス名 first と second，すなわち列単位（縦一列）のスタイルは CSS で指定する。8 行目の CSS において，col 要素のクラス名 first の列単位のセル幅の width プロパティ値が 80 ピクセルである，と宣言している。また，9 行目のクラス名 second の宣言で，width プロパティ値は 180 ピクセルであるとしている。

colgroup 要素は caption 要素（1.9.7 項）の直後に置く。図 1.34 のように caption 要素がない場合は，table 要素の冒頭（この例の場合 14 行目）に置く。

1.9.5　セル内の文字位置

〔1〕 **左右位置指定**　図 1.34 を見ると，見出し行以外は，文字列が左寄せになっている。これを例えば中央に配置するためには text-align プロパティを用いる。

値は left，center，right であり，center は中央配置である。ここでは表全体のセル内の文字列を横方向に関して中央配置にしたいので，リスト 1-33（sample27.html）の 7 行目のつぎの行に，**リスト 1-34** の 8 行目のように

```
table.tableclass1 td {text-align: center;}
```

を挿入すればよい（sample28.html に保存する）。結果表示を**図 1.35** に示す。

リスト 1-34　sample28.html

```
   省略。sample27.html の 5 行目までと同じ。
6  <style>
7  table.tableclass1 {border-collapse: collapse;}
8  table.tableclass1 td {text-align: center;}
9  col.first {width: 80px;}
10 col.second {width: 180px;}
11 </style>
   省略。sample27.html と同じ
```

日程	内容
8月1日	家具20%割引
8月2日	午前：雑貨20%割引
	午後：全品20%割引

図 1.35　キャンペーン日程表

リスト 1-34 の 8 行目のセレクタ

```
table.tableclass1 td
```

は半角スペースで区切られている。このようなセレクタを子孫結合子という。class 属性が tableclass1 の table 要素の子孫要素の td 要素に対してのみ text-align プロパティを center にする，という意味である。sample28.html の body 要素の td 要素は，class 属性が tableclass1 の table 要素の tr 要素に含まれているから，この

td 要素は子孫要素になっている。子孫結合子については 1.12.4 項で詳述する。

セル幅を広くし，文字列を中央配置にすることにより，セル内の文字列の横方向に関しては余裕ができた。

〔2〕 **高さ指定**　　セルの高さ方向に関しては，文字列が天井と床に接近しすぎているのでセルの高さを広くする。CSS の構文は

```
セレクタ {height: 高さ;}
```

である。ここでのセレクタは th あるいは td あるいは th,td である。height プロパティの値である高さはピクセル数，% などで指定できる。例えば

```
table.tableclass1 th,td {height: 35px;}
```

を sample28.html の CSS に追加し，sample29.html（**リスト 1-35**）に保存すると，**図 1.36** のように各セルの高さが 35px となり，高さにゆとりが出る。9 行目の table.tableclass1 th,td セレクタは子孫結合子と複数セレクタを組み合わせたセレクタである。

リスト 1-35　sample29.html

```
   省略。sample27.html の 5 行目までと同じ。
6  <style>
7  table.tableclass1 {border-collapse: collapse;}
8  table.tableclass1    td {text-align: center;}
9  table.tableclass1 th,td {height: 35px;}
10 col.first {width: 80px;}
11 col.second {width: 180px;}
12 </style>
   省略。sample27.html と同じ
```

日程	内容
8月1日	家具20%割引
8月2日	午前：雑貨20%割引
	午後：全品20%割引

図 1.36　セルの高さ指定

〔3〕 **上下位置指定**　　セル内の文字を天井に寄せたい，あるいは床に寄せたいときはセレクタを tr にし，vertical-align プロパティで指定する。CSS の構文は

```
tr {vertical-align: 値;}
```

である。値は top，middle，bottom である。middle がデフォルトで中央配置である。top は天井に寄せる，bottom は床に寄せるという指定である。

図 1.36 の文字を，**図 1.37** のように天井に寄せたいという場合は，リスト 1-35 の CSS に

```
table.tableclass1 th,td {vertical-align: top;}
```

を挿入する（sample29_1.html に保存）。

日程	内容
8月1日	家具20%割引
8月2日	午前:雑貨20%割引
	午後:全品20%割引

図 1.37　表の文字を天井に寄せる

〔4〕 **余白指定**　セル内の文字のまわりにゆとりをもたせる方法には，padding プロパティを指定する方法もある。CSS の構文は

セレクタ {padding: 値}

である。値はピクセル数（px），em などが使用できる。margin プロパティと同様，上下左右別々に指定することも，ショートハンドプロパティによる指定もできる。sample29.html の CSS を**リスト 1-36** のように変更し，sample30.html に保存する。8 行目の CSS で表内のセルの文字のまわりに 0.75 文字分の余白を入れている。sample29.html の 8 行目にあった td 要素の文字の中央配置を止め，デフォルトの左寄せに戻している。結果表示を**図 1.38** に示す。

リスト 1-36　sample30.html

```
   省略。sample27.html の 5 行目までと同じ。
6  <style>
7  table.tableclass1 {border-collapse: collapse;}
8  table.tableclass1 td,th {padding: 0.75em;}
9  col.first {width: 80px;}
10 col.second {width: 180px;}
11 </style>
   省略。sample27.html と同じ
```

日程	内容
8月1日	家具20%割引
8月2日	午前:雑貨20%割引
	午後:全品20%割引

図 1.38　padding による余白指定

1.9.6　セルの結合

横方向あるいは縦方向にセル同士を結合することができる。

〔1〕 **セルの縦方向の結合**　図 1.38 の左列の一番下の空白セルは上のセルと結合して一つのセルにし，8 月 2 日としたほうがわかりやすい。この例では片方のセルは空白セルだが，片方のセルが空白セルである必要はない。HTML の構文は

<th rowspan="結合する縦方向のセル数">セル内容</th>

あるいは

<td rowspan="結合する縦方向のセル数">セル内容</td>

である。結合するセル数は，このth要素あるいはtd要素から数えて何個のセルを結合するか，そのセル個数である。図1.38の左列の一番下の空白セルとその上のセル内容「8月2日」のセルとを縦方向に結合した結果表示を**図1.39**に，**リスト1-37**にsample31.htmlを示す。リスト1-36の9, 10, 15行目のセル幅指定は削除した。リスト1-37の15行目のセル内容「8月2日」を起点として縦二つのセルを一つに結合するのでrowspan属性の値を2とする。このとき，不要なったセルに対応したタグは確実に削除しなければならない。よってリスト1-36の18行目にあった空白セルに対応した<td></td>は，リスト1-37の16行目では削除されている。

<table>
<tr><th>日程</th><th>内容</th></tr>
<tr><td>8月1日</td><td>家具20%割引</td></tr>
<tr><td rowspan="2">8月2日</td><td>午前：雑貨20%割引</td></tr>
<tr><td>午後：全品20%割引</td></tr>
</table>

図1.39　セルの縦方向の結合

リスト1-37　sample31.html

```
   省略。sample15.html の 4 行目までと同じ。
5  <title> キャンペーン日程表 </title>
6  <style>
7  table.tableclass1 {border-collapse: collapse;}
8  table.tableclass1 td,th {padding: 0.75em;}
9  </style>
10 </head>
11 <body>
12 <table border class="tableclass1">
13 <tr><th> 日程 </th><th> 内容 </th></tr>
14 <tr><td>8 月 1 日 </td><td> 家具 20%割引 </td></tr>
15 <tr><td rowspan="2">8 月 2 日 </td><td> 午前：雑貨 20%割引 </td></tr>
16 <tr><td> 午後：全品 20%割引 </td></tr>
17 </table>
18 </body>
19 </html>
```

〔2〕 **セルの横方向の結合**　図 1.39 の見出し行は二つのセル「日程」「内容」から構成されているが，これらを横方向に結合して一つのセル「ショップキャンペーン」にする。HTML の構文は

```
<th colspan="結合する横方向のセル数">セル内容</th>
```

あるいは

```
<td colspan="結合する横方向のセル数">セル内容</td>
```

である。図 1.39 の見出し行にある横方向に並んだ二つのセル「日程」「内容」を一つに結合し，セル内容を新たに「ショップキャンペーン」とした結果を**図 1.40** に，**リスト 1-38** に sample32.html を示す。

<table>
<tr><th colspan="2">ショップキャンペーン</th></tr>
<tr><td>8月1日</td><td>家具20%割引</td></tr>
<tr><td rowspan="2">8月2日</td><td>午前：雑貨20%割引</td></tr>
<tr><td>午後：全品20%割引</td></tr>
</table>

図 1.40　セルの横方向の結合

リスト 1-38　sample32.html

```
   省略。sample15.html の 4 行目までと同じ。
5  <title> キャンペーン日程表 </title>
6  <style>
7  table.tableclass1 {border-collapse: collapse;}
8  table.tableclass1 td,th {padding: 0.75em;}
9  </style>
10 </head>
11 <body>
12 <table border class="tableclass1">
13 <tr>
14 <th colspan="2"> ショップキャンペーン </th>
15 </tr>
16 <tr>
17 <td>8 月 1 日 </td>
18 <td> 家具 20%割引 </td>
19 </tr>
20 <tr>
```

```
21  <td rowspan="2">8 月 2 日 </td>
22  <td> 午前：雑貨 20%割引 </td>
23  </tr>
24  <tr>
25  <td> 午後：全品 20%割引 </td>
26  </tr>
27  </table>
28  </body>
29  </html>
```

セル内容「日程」を起点として横方向にある二つのセルを一つに結合するので，14 行目にある th 要素の開始タグ内の colspan 属性の値を 2 とし，新たなセル内容「ショップキャンペーン」を入れている。

不要になったセルに対応したタグは確実に削除しなければならないから，リスト 1-37 の 13 行目にあったセル [内容] に対応した <th>内容</th> はリスト 1-38 の 14 行目では削除されている。

1.9.7　タ　イ　ト　ル

caption 要素により，表にタイトル（表題，キャプション）を付けることができる。HTML の構文は

```
<caption>タイトル文字列</caption>
```

である。これを通常は，table 要素の開始タグと最初の <tr> タグの間に置く。デフォルトではタイトルは表の上に配置される。表の下に配置したければ，CSS でセレクタを caption にし

```
caption {caption-side: bottom;}
```

のように caption-side プロパティの値を bottom にする。

タイトルとして，表に関する説明を入れてもよい。タイトルを表の下に入れた表示結果を**図 1.41** に，**リスト 1-39** に sample33.html を示す。リスト 1-39 の 14〜16 行目で表タイトル「午前は 0 時〜12 時，午後は 12 時〜24 時です」（これはタイトルというより，表の内容に関する説明）を指定し，CSS の 9 行目で，タイトルの位置が表の下であることと文字列位置が左寄せであることを宣言している。caption 要素には p 要素を入れ，段落を配置することができる。

ショップキャンペーン	
8月1日	家具20%割引
8月2日	午前：雑貨20%割引
	午後：全品20%割引

午前は0時から12時、午後は12時から24時です。

図 1.41　タイトル付き表

リスト 1-39　sample33.html

```
   省略。sample15.html の 4 行目までと同じ。
5  <title> キャンペーン日程表 </title>
6  <style>
7  table.tableclass1 {border-collapse: collapse;}
8  table.tableclass1 td,th {padding: 0.75em;}
9  table.tableclass1 caption {caption-side: bottom; text-align: left;}
10 </style>
11 </head>
12 <body>
13 <table border class="tableclass1">
14 <caption>
15 <p> 午前は 0 時から 12 時、午後は 12 時から 24 時です。</p>
16 </caption>
17 <tr><th colspan="2"> ショップキャンペーン </th></tr>
18 <tr><td>8 月 1 日 </td><td> 家具 20%割引 </td></tr>
19 <tr><td rowspan="2">8 月 2 日 </td>
20       <td> 午前：雑貨 20%割引 </td></tr>
21 <tr><td> 午後：全品 20%割引 </td></tr>
22 </table>
23 </body>
24 </html>
```

1.9.8　th 要素の縦配列

1.9 節のこれまでの表は th 要素が横に，行方向に並んでいたが，th 要素は，縦に並べることもできる。表によってはこのほうが適切な場合もある。th 要素を縦に並べた例を**図 1.42** に，**リスト 1-40** に sample34.html を示す。

ショップ情報

店名	ショップ古炉奈
ジャンル	家具、楽器、庭用品
カード	VISA、MASTER、JCB

図 1.42 th 要素の縦配列

リスト 1-40 sample34.html

```
   省略。sample15.html の 4 行目までと同じ。
5  <title> ショップ情報 </title>
6  <style>
7  table.tableclass2 {border-collapse: collapse;}
8  table.tableclass2 td,th {padding: 0.75em;}
9  table.tableclass2 caption {font-size: 1.5em;}
10 </style>
11 </head>
12 <body>
13 <table border class="tableclass2">
14 <caption> ショップ情報 </caption>
15 <tr>
16 <th> 店名 </th><td> ショップ古炉奈 </td>
17 </tr>
18 <tr>
19 <th> ジャンル </th><td> 家具、楽器、庭用品 </td>
20 </tr>
21 <tr>
22 <th> カード </th><td>VISA、MASTER、JCB</td>
23 </tr>
24 </table>
25 </body>
26 </html>
```

1.9.9 表全体の位置

これまでの表の例では，表はブラウザのウィンドウの左寄せで表示される。これを中央あるいは右寄せで表示させるには margin プロパティの値 auto を活用する。

リスト 1-40（sample34.html）の 7 行目の

```
table.tableclass2 {border-collapse: collapse;}
```

に margin-left: auto; margin-right: auto; を追加し

table.tableclass2 {border-collapse: collapse; margin-left: auto; margin-right: auto;}

とすれば，表は中央に配置される。table 要素の場合，width プロパティは省略できる。sample34_1.html に保存する。

1.10 リンクの設定

本節ではクリックひとつで飛んでいくという機能，すなわち，リンクの設定の説明をする。それに先立ち，リンクを説明するためのページを作成する。その表示を**図 1.43** に，**リスト 1-41** にそのソースプログラムである sample35.html を示す。

ようこそショップ古炉奈へ

あなたの生活を豊かにする何かが見つかる店です。

- 店舗トップ
- キャンペーン
- 商品
- 新規会員登録
- ログイン

図 1.43　店舗トップページ

リスト 1-41　sample35.html

```
    省略。sample15.html の 4 行目までと同じ。
5   <title> 店舗トップ </title>
6   <style>
7   div.class1 {text-align: center}
8   ul.class1 {list-style-type: square; text-align: left;
9               width: 100px; margin-left: auto; margin-right: auto;}
10  </style>
11  </head>
12  <body>
13  <div class="class1">
14  <h1> ようこそショップ古炉奈へ </h1>
15  <p> あなたの生活を豊かにする何かが見つかる店です。</p>
16  <ul class="class1">
17  <li> 店舗トップ </li>
18  <li> キャンペーン </li>
19  <li> 商品 </li>
20  <li> 新規会員登録 </li>
```

```
21 <li> ログイン </li>
22 </ul>
23 </div>
24 </body>
25 </html>
```

1.10.1　文字にリンク設定

リンクを設定するためには，マウスで選択する部分（リンク元）の指定と飛び先ページ（リンク先）の指定をする。リンク元の指定は a 要素の href 属性を用いる。HTML の構文は

```
<a href="リンク先">アンカー</a>
```

である。リンク先というのは飛び先の HTML ファイル名（Web ページ）で，URL により指定する。a は anchor（アンカー，錨）の頭文字，href は hypertext reference の略である。a 要素はインライン要素である。アンカーには，選択する文字列あるいは画像を設定する。

ここでリスト 1-41（sample35.html）の 18 行目を

```
<li><a href="campaign_sample.html">キャンペーン</a></li>
```

とし，sample35_1.html に保存する。campaign_sample.html はまだ作成していない。表示は**図 1.44** のようになる。<a href="リンク先">アンカー</a> の「アンカー」に文字列を置いた場合，デフォルトで文字色は青色，そして文字列に同色の下線が引かれる。そして，この部分を選択すると文字と下線の色はデフォルトでは紫色になる。

リンク先のページをまだ作成していないにもかかわらず href 属性値のファイル名を与えておき，それを選択すると [このページは表示できません] というエラー

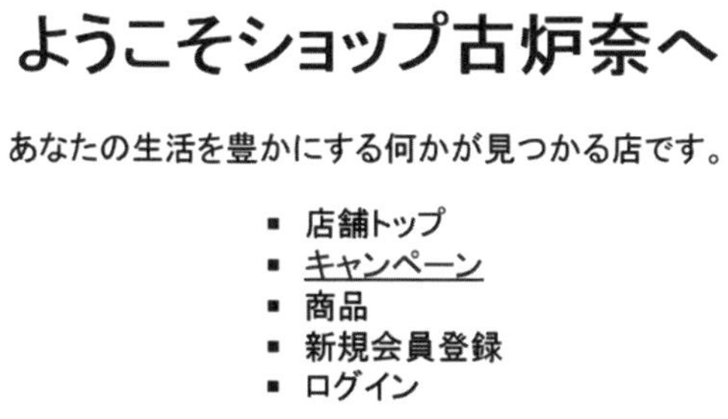

ようこそショップ古炉奈へ

あなたの生活を豊かにする何かが見つかる店です。

- 店舗トップ
- キャンペーン
- 商品
- 新規会員登録
- ログイン

図 1.44　href 属性値にファイル名を指定

メッセージが表示される。リンク先ページが未作成の場合は，href 属性を href="#" としておくと，アンカーを選択しても変化はなく，エラーメッセージも表示されない。# は**ヌルリンク**（null link，**空リンク**）といい，飛び先がないことを意味する。

図 1.44 の箇条書きの 2 番目，キャンペーンの部分を選択したときに飛んでいく campaign_sample.html を**リスト 1-42** に示す。リスト 1-42 の 7 行目の id 名 campaign_layout で中央位置，幅，マージンを宣言し，15 行目の div 要素の開始タグ内で id 属性に campaign_layout を指定している。21 行目以降は sample33.html の 13 行目以降をベースに改造したものである。

リスト 1-42　campaign_sample.html

```
1  <!DOCTYPE html>
2  <html lang="ja">
3  <head>
4  <meta charset="UTF-8">
5  <title> キャンペーン </title>
6  <style>
7  #campaign_layout {text-align: center; width: 50% ; margin: 0 auto 0 auto;}
8  p.campaign {text-align: left; width: 520px; margin: 0 auto 0 auto;}
9  *.campaign_table {border-collapse: collapse; margin: 10px auto 0 auto;}
10 *.campaign_table td,th {padding: 0.5em;}
11 *.campaign_table caption {caption-side: bottom; text-align: left;}
12 </style>
13 </head>
14 <body>
15 <div id="campaign_layout">
16 <h2> 期間限定のお得なキャンペーン情報 </h2>
17 <p class="campaign"> おかげさまでショップ古炉奈は創立 10 周年を迎えることがで
18 きました。<br>
19 感謝の気持ちを込めて、キャンペーンをご用意いたしました。<br>
20 48 時間限定でポイント 10 倍です！ </p>
21 <table border class="campaign_table">
22 <caption><p> 午前は 0 時から 12 時、午後は 12 時から 24 時です。</p></caption>
23 <tr><th> 日程 </th><th> 内容 </th></tr>
24 <tr><td>8 月 1 日 </td><td> 家具 20%割引 </td></tr>
25 <tr><td rowspan="2">8 月 2 日 </td><td> 午前：楽器 20%割引 </td></tr>
26 <tr><td> 午後：全品 20%割引 </td></tr>
27 </table>
28 <a href="sample35_1.html"> 戻る </a>
29 </div>
30 </body>
31 </html>
```

sample35_1.html を表示させ，図 1.44 のキャンペーンを選択すると，campaign_sample.html に飛んでいき，**図 1.45** が表示される。いま，sample35_1.html と campaign_sample.html は同じフォルダ内にあるので，リンク先には単にファイル名を書けばよい。リスト 1-42 の 28 行目の href 属性が sample35_1.html なので戻るを選択すると，元のページに戻る。

期間限定のお得なキャンペーン情報

おかげさまでショップ古炉奈は創立10周年を迎えることができました。
感謝の気持ちを込めて、キャンペーンをご用意いたしました。
48時間限定でポイント10倍です！

日程	内容
8月1日	家具20%割引
8月2日	午前：楽器20%割引
	午後：全品20%割引

午前は0時から12時、午後は12時から24時です。

戻る

図 1.45　キャンペーンのページ

1.10.2　画像にリンク設定

HTML の構文は

```
<a href="リンク先"><img src="画像ファイル名あるいは URL"></a>
```

であり，アンカーに img 要素を配置し，その中で画像ファイル名あるいは URL を指定する。アンカーの画像ファイル名が chair1.jpg で，画像を選択すると campaign_sample.html に飛ぶのならば，sample35_1.html の 18 行目を

```
<a href="campaign_sample.html"><img src="chair1.jpg" alt=""></a>
```

のようにする。sample35_2.html に保存する。

1.10.3　同一ページ内のリンク先設定

例えば，長いページを読み進み，最後まできたときに，そのページのトップに再び戻りたいときがある。このようにページ内の好きな所へ飛びたいときは，リンク

元の場所に

<a href="#id名">リンク元</a>

と記述し，同じページの飛びたい場所（リンク先）に

< 要素名 id="id名">リンク先</ 要素名 >

を置く。リンク元とリンク先の id 名は同一にする。これにより，リンク元を選択すれば，この要素名が表示されるところまでスクロールされる。sample35_1.html の 22 行目の </ul> の後に，多くの文を入れて sample35_3.html に保存する。面倒くさければ
 をブラウザの画面にページが収まりきらないくらい大量に入れる（これは br 要素の正しい使い方ではないが，テストなので勘弁していただこう）。

そして sample35_3.html の最後から 3 行目の </div> の直前の行に

<a href="#top">ページトップへ</a>

を入れる。さらに 14 行目の h1 要素の開始タグ内に id="top" を入れ

<h1 id="top">ようこそショップ古炉奈へ</h1>

とする。ページの最後まで読み進み，[ページトップへ] を選択すれば，h1 の見出し「ようこそショップ古炉奈へ」が表示されるところまでスクロールされる。22 行目の </ul> の次に大量の
 を入れないとスクロール感を味わえない。同一ページ内の飛び先（リンク先）はトップだけでなく，ページ内の任意の場所に指定できる。

1.10.4　別ページ内のリンク先設定

別の HTML ファイルの指定した場所に飛んで行きたいときは，リンク元を

<a href="URL#id名">リンク元</a>

とする。別の HTML ファイル内の同一 id 名のある場所へ飛ぶ。URL は別の HTML ファイルの URL である。別の HTML ファイル内の

<a id="id名"> ～ </a>

あるいは

< 要素名 id="id名"> ～ </ 要素名 >

とした場所に飛ぶ。要素名は p，h1~h6 などである。

1.10.5 別タブ・別ウィンドウ表示

選択して飛んだとき，元のページのタブ表示，画面も残しておきたい，すなわち，リンク先の飛び先ページを新たなタブ，ウィンドウで開きたい場合がある。そのようなときは，<a> タグに target 属性を入れ

```
<a href="リンク先" target="_blank">アンカー</a>
```

とする。リンク先を設定した sample35_1.html において，campaign_sample.html を新たなタブで開きたければ，18 行目の <a> タグ部分を <a href="campaign_sample.html" target="_blank"> とする（sample35_4.html に保存）。

1.11 フ ォ ー ム

1.11.1 form 要素と input 要素

〔1〕 **form 要 素**　ユーザが Web ページ内でデータを入力し，それをサーバに送信する機能は **form 要素**により実現される。ここでは例として Web ショップへのログインフォーム（**リスト 1-43**　input_text.html）を作成する。ログインフォームの表示を**図 1.46** に示す。

リスト 1-43　input_text.html

```
   省略。sample15.html の 4 行目までと同じ。
5  <title> ログイン </title>
6  </head>
7  <body>
8  <form method="post" action=" データ送信先 URL">
9  <p> お客さま ID   <input type="text"   name="guestid"></p>
10 <p> パスワード   <input type="password"   name="guestpw"></p>
11 <p><input   type="submit"   value=" ログイン "></p>
12 </form>
13 </body>
14 </html>
```

お客さまID [　　　　　　]

パスワード [　　　　　　]

[ログイン]

図 1.46　ログインフォーム

HTML の構文は

```
<form method="データ送信タイプ指定" action="データ送信先 URL">
  ～
</form>
```

である。method 属性にはデータ送信タイプを指定する。get と post の二種があり，デフォルト値は get である。action 属性にはデータの送信先 URL を指定する。指定された URL のファイルがこのフォームを処理するから，このファイルをサーバに作成しておかないとフォーム処理されない。これ以外に method 属性が post の場合のデータ送信時の MIME タイプを指定する enctype 属性があるが，本書では省略可能な送信をするので，enctype 属性は省略する。これら method 属性，action 属性については 2 章 PHP で詳しく説明する。HTML の構文の～の部分には，テキストフィールド，パスワードフィールド，送信ボタンといったフォームの内容が記述される。

〔2〕 **input 要素**　<form>～</form> の～部分における，テキストフィールド，パスワードフィールド，送信ボタンといったフォーム内容を記述するために，**input 要素**が使用される。input 要素は空要素である。

1.11.2 テキストフィールド・パスワードフィールド・送信ボタン

〔1〕 **構文と属性セレクタ**　お客さま ID とか氏名など 1 行の短い文字列入力には，テキストフィールドが適している。その作成に使用する input 要素の HTML の構文は

```
<input type="text" name="送受信データ識別名" size="" value=""
maxlength="整数">
```

である。**type 属性**にはフォーム部品の種類を指定する。テキストフィールドなので text を指定する。

name 属性の送受信データ識別名は英数字であり，ブラウザには表示されないが，クライアントから送信されたデータをサーバで正しく識別し，受信するために必要な名前である。

size 属性は入力テキストの文字数を指定する。デフォルト値は 20 である。**value 属性**を指定すると，それは入力欄に最初から入力されている値となり，よって最初から表示される。ここではユーザがお客さま ID，パスワードを新たに入力

するので value 属性は必要ない。**maxlengh 属性**は，ユーザ入力で許される文字数を制限したいときに最大入力文字数を設定するために使用する。

CSS において

```
input [type="text"] {width: 30em;}
```

とすると，input 要素のうち，type 属性の値が text の要素に対してのスタイル，この場合は width（幅）を指定できる。この CSS の構文

```
要素名 [属性名="属性値"]
```

を**属性セレクタ**という。

図 1.46 のお客さま ID の入力欄を表示するためには body 要素内に

```
<form method="post" action="データ送信先 URL">
<p>お客さま ID<input type="text" name="guestid" ></p>
</form>
```

のように記述する。現時点ではデータ送信先 URL は未定である。これについては 2 章 PHP で説明する。よって，いまはデータ送信先 URL としておいてほしい。送受信データ識別名を guestid としている。

〔2〕 **パスワードフィールド**　　パスワードの入力欄作成も input 要素を使用する。

HTML の構文は

```
<input type="password" name="送受信データ識別名">
```

である。type 属性，name 属性以外の size 属性，value 属性，maxlength 属性はここでは省略してある。パスワードフィールドに入力された文字は通常●あるいは＊に置き換えられて表示されるが，入力文字そのものが暗号化されているわけではない。図 1.46 のパスワードの入力欄を表示するには body 要素内に

```
<form method="post" action="データ送信先 URL">
<p>パスワード<input type="password" name="guestpw"></p>
</form>
```

と記述する。guestpw が送受信データ識別名である。

〔3〕 **送信ボタン**　　フォームに入力されたデータをサーバに送信するためには**送信ボタン**が必要となる。HTML の構文は

```
<input type="submit" value="送信ボタンに表示される文字列">
```

である。value 属性には送信ボタン上に表示される文字列を指定する。name 属性は省略できる。

〔4〕 **プログラム例**　　form 要素，input 要素を使用した図 1.46 を実現する

input_text.html をリスト 1-43 に示す。input_text.html を実行すると図 1.46 がブラウザに表示される。しかしお客さま ID とパスワードを適当に入力し，送信ボタンを選択しても，「このページは表示できません」と警告されるか，あるいは画面が再表示されるだけで，処理はそれ以上続行されない。すなわち，この HTML だけでは，お客さま ID とパスワードをサーバが受信することはできない。これを実現するためにはサーバでデータを受信し，それに基づいて動作するプログラムをサーバ上に作成する必要がある。本書においては，そのプログラミング言語として PHP を採用し，お客さま ID，パスワードなどのクライアントからの送信データをサーバで受信する手法について 2 章 PHP において説明する。2 章 PHP に入る前によく使用されるいくつかの input 要素についてさらに説明する。

1.11.3　ラジオボタン

複数の選択肢から一つだけ選択してほしいときに，**ラジオボタン**を使用する。HTML の構文は

```
<input type="radio" name="送受信データ識別名" value="送信文字列">
```

である。type 属性を radio にする。name 属性の送受信データ識別名には，識別名としてのボタン名を書く。一組のラジオボタンすべてに同一のボタン名を書く。value 属性の値である送信文字列には，そのラジオボタンを選択したときに送信される文字列を記述する。

ラジオボタンの○の部分だけでなく，文字列部分にマウスをフォーカスしても選択できるようにするには，label 要素を用いる。HTML の構文は

```
<label><input ～>文字列</label>
```

である。例えば

```
<label><input type="radio" name="payment" value="着払い">着払い</label>
```

のようににすれば，着払いを選択したいとき，着払いの文字列を選択してもその左のラジオボタンが選択される。

Web ショップでの購入商品の支払い方法を選択させるラジオボタンの表示（**図 1.47**）の input_radio.html は，**リスト 1-44** のようになる。クレジットカード，現金書留の部分も <label> と </label> で囲んでいる。

10 行目のクレジットカードのところに **checked 属性**を指定したので，最初，クレジットカードにチェックが入った状態で表示される。checked 属性は値なしであ

お支払方法
◉クレジットカード ○着払い ○現金書留

図 1.47 ラジオボタン

リスト 1-44 input_radio.html

```
   省略。sample15.html の 4 行目までと同じ。
5  <title> 支払い方法 </title>
6  </head>
7  <body>
8  <form method="post" action=" データ送信先 URL">
9  <p> お支払方法 <br>
10 <label><input type="radio" name="payment" value=" クレジットカード " checked>
11 クレジットカード </label>
12 <label><input type="radio" name="payment" value=" 着払い "> 着払い </label>
13 <label><input type="radio" name="payment" value=" 現金書留 "> 現金書留 </label>
14 </p>
15 </form>
16 </body>
17 </html>
```

る。10～13 行目のラジオボタンすべてに同一ボタン名 payment を指定する。

1.11.4 チェックボックス

複数の選択肢から複数選択してもよいときは**チェックボックス**を使用する。HTML の構文は

```
<input type="checkbox" name="送受信データ識別名" value="送信文字列">
```

である。type 属性を checkbox にする。name 属性の送受信データ識別名には，識別名としてのチェックボックス名を書く。一組のチェックボックスすべてに同一チェックボックス名を指定する。

value 属性の値である送信文字列には，そのチェックボックスを選択したときに送信される文字列を記述する。checked 属性（値はなし）を指定すると，そのチェックボックスにチェックが入った状態が初期状態となる。

Web ショップの販売ジャンルが家具か楽器か庭用品であるとき，興味のあるジャンルを選択させるチェックボックス（**図 1.48**）を表示させる input_checkbox.html を，**リスト 1-45** に示す。家具，楽器，庭用品といった文字列部分も選択できるように label 要素を使用している。14, 17, 20 行目のチェックボックスすべてに同一チェックボックス名 genre を指定している。

ご興味のあるジャンルにチェックを入れてください(複数可)
□家具 □楽器 □庭用品

図 1.48　チェックボックス

リスト 1-45　input_checkbox.html

```
   省略。sample15.html の 4 行目までと同じ。
5  <title> 興味ジャンル </title>
6  <style>
7  p {line-height: 1.5;}
8  </style>
9  </head>
10 <body>
11 <form method="post" action=" データ送信先 URL">
12 <p> ご興味のあるジャンルにチェックを入れてください (複数可)<br>
13 <label>
14 <input type="checkbox" name="genre" value="furniture"> 家具
15 </label>
16 <label>
17 <input type="checkbox" name="genre" value="miscelgood"> 楽器
18 </label>
19 <label>
20 <input type="checkbox" name="genre" value="instrument"> 庭用品
21 </label>
22 </p>
23 </form>
24 </body>
25 </html>
```

チェックボックスだから，この三つすべてにチェックを入れることもできる。このプログラムでは checked 属性は使用していない。7 行目の CSS で line-height プロパティ値を 1.5 にして，行間にゆとりをもたせている。

1.11.5　リセットボタン

フォームに入力されたデータを初期状態に戻すには**リセットボタン**を使用する。HTML の構文は

```
<input type="reset" value="リセットボタンに表示される文字列">
```

である。type 属性を reset にする。図 1.46 のログインフォームにおいて，お客さま ID あるいはパスワードを途中まで入力したが，間違いに気づき，一挙に元に戻す，すなわち，初期状態のなにも入力されてない状態に戻す場合には，リスト

1-43（input_text.html）の 11 行目の

```
<p><input type="submit" value="ログイン"><p/>
```

を

```
<p><input type="submit" value="ログイン">
<input type="reset" value="リセット"><p/>
```

に変更し，input_text1.html に保存する。その結果表示を**図 1.49** に示す。

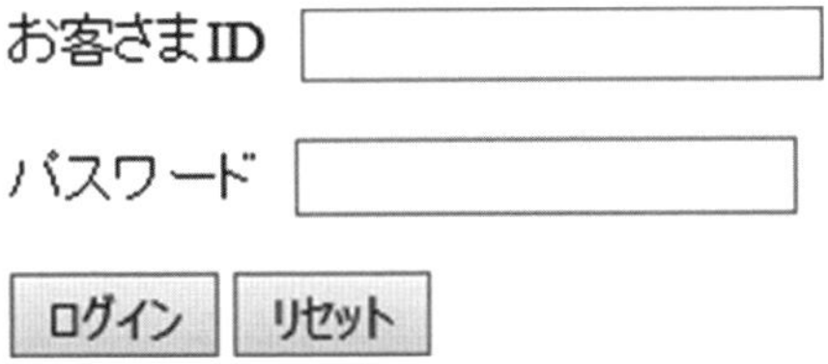

図 1.49　リセットボタン付ログインフォーム

お客さま ID なりパスワードなりを入力し，リセットボタンを選択すれば，元の空白フォームに戻る。この場合もサーバのプログラムは未作成だから，ログインボタンを選択しても処理は先に進まない。

1.11.6　hidden タイプ

フォームの送信データにユーザが入力したデータ以外のデータを付加したいときには，type 属性の値を hidden にする。HTML の構文は

```
<input type="hidden" name="送受信データ識別名" value="送信される隠れた内容">
```

である。value 属性の値である送信される隠れた内容はブラウザ画面には表示されないが，ブラウザの HTML のソースを表示させれば，この Web ページの閲覧者であるユーザは見ることができるし，閲覧者であるユーザ自身は書き換えることができる。よって閲覧者に見られたら困るデータ，閲覧者に書き換えられては困るデータは value 属性の値としない。hidden タイプの value 属性値は閲覧者以外の第三者が書き換えることは難しいという特徴をもつが，hidden タイプの使用に関してはセキュリティに対するさらなる学習が必要である。

1.11.7　テキストエリア

input 要素の type 属性値 text（1.11.2 項）は 1 行の文の入力指定であった。複数行の文の入力欄の作成には **textarea 要素**を使用する。input 要素と異なり，開始タグと終了タグがある。HTML の構文は

```
<textarea name="欄名" cols="文字数" rows="行数" placeholder="ヒント">
  初めから表示する文字列
</textarea>
```

である。name 属性の欄名は送受信データ識別名である。**cols 属性**には 1 行内の文字数を指定する。デフォルト値は 20 である。この値は半角の文字数であり，これにより欄の横幅が決まる。**rows 属性**には欄内のテキストの行数を指定する。デフォルト値は 2 である。この値により欄の高さが決まる。

placeholder 属性の値には，入力欄にユーザがなにを入力するかに関するヒントを与える。例えば，入力欄に最初から「ここに御意見を御記入ください」などの短い文を示して，ユーザ入力を支援する。カーソルを欄内にフォーカスする，フォーカスし選択する，あるいは文字入力すると，このヒントは消える。

一方，HTML の構文の textarea 要素内容である [初めから表示する文字列] はカーソルをフォーカスしても消えない。この文字列はユーザが編集（削除，挿入など）をする必要があるので，それを考慮して設定する。

表示を**図 1.50** に，それに対応する textarea.html を**リスト 1-46** に示す。

図 1.50　テキストエリア

リスト 1-46　textarea.html

```
   省略。sample15.html の 4 行目までと同じ。
5  <title> テキストエリア </title>
6  <style>
7  p {line-height: 2;}
8  </style>
9  </head>
10 <body>
11 <form method="post" action=" データ送信先 URL">
12 <p> 通信欄 <br>
13 <textarea name="textarea" cols="30" rows="3"
14   placeholder=" ここに御意見を御記入ください ">
15 </textarea>
16 </p>
17 </form>
18 </body>
19 </html>
```

placeholder 属性を使用している。

1.11.8 プルダウンメニュー

プルダウンメニューにより，ラジオボタンと同様に複数の選択肢から一つのみを選択できる。ラジオボタンに比較し，表示領域を狭くできる。プルダウンメニュー作成には select 要素と option 要素を使用する。form 要素内に記述する HTML の構文は

```
<select name="メニュー名">
 <option value="送信文字列 1">選択肢としての表示文字列 1</option>
 <option value="送信文字列 2">選択肢としての表示文字列 2</option>
  ----------------------------------------
 <option value="送信文字列 N">選択肢としての表示文字列 N</option>
</select>
```

である。name 属性のメニュー名は送受信データ識別名であり，option 要素の value 属性の値は，それが選択されたときに送信されるデータである。

プルダウンメニューにより住所の都道府県名を選択させる画面表示を**図 1.51** に，pulldown.html を**リスト 1-47** に示す。都道府県名はすべて用意すべきだが，紙面の余裕がないため一部の都道府県名となっているが，設定した都道府県名には特に意味はない。10 行目でメニュー名 prefecture を指定している。

図 1.51 の北海道の右のチェックマークを選択すれば，**図 1.52** が表示され，この中から都道府県名を選択することができる。

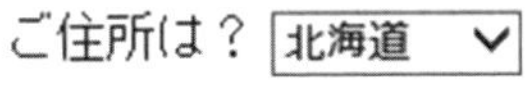

ご住所は？ 北海道

図 1.51 初期状態のプルダウンメニュー

ご住所は？
北海道
千葉県
栃木県
埼玉県
東京都
神奈川県
静岡県
愛知県
京都府
大阪府
高知県
鹿児島県

図 1.52 プルダウンメニュー

リスト 1-47　pulldown.html

```
   省略。sample15.html の 4 行目までと同じ。
5  <title> プルダウンメニュー </title>
6  </head>
7  <body>
8  <form method="post" action=" 送信先 URL">
9  ご住所は？
10 <select  name="prefecture">
11 <option  value=" 北海道 "> 北海道 </option>
12 <option  value=" 千葉県 "> 千葉県 </option>
13 <option  value=" 栃木県 "> 栃木県 </option>
14 <option  value=" 埼玉県 "> 埼玉県 </option>
15 <option  value=" 東京都 "> 東京都 </option>
16 <option  value=" 神奈川県 "> 神奈川県 </option>
17 <option  value=" 静岡県 "> 静岡県 </option>
18 <option  value=" 愛知県 "> 愛知県 </option>
19 <option  value=" 京都府 "> 京都府 </option>
20 <option  value=" 大阪府 "> 大阪府 </option>
21 <option  value=" 高知県 "> 高知県 </option>
22 <option  value=" 鹿児島県 "> 鹿児島県 </option>
23 </select>
24 </form>
25 </body>
26 </html>
```

1.11.9　リストボックス

リストボックスによりチェックボックスのように複数の選択肢から複数を選択できる。プルダウンメニューの HTML の構文に，size 属性と multiple 属性を追加した以下のような構文となる。form 要素内に記述する。

```
<select name="メニュー名" size="リストボックス内表示行数" multiple>
 <option value="送信文字列 1">選択肢としての表示文字列 1</option>
 <option value="送信文字列 2">選択肢としての表示文字列 2</option>
 ------------------------
 <option value="送信文字列 N">選択肢としての表示文字列 N </option>
</select>
```

size 属性で指定した数の選択肢を表示させたままにすることができる。size 属性で指定した表示行数より option 要素で指定した選択肢の数が多い場合は，スクロールバーが表示される。

multiple 属性が指定された場合，size 属性のデフォルト値は 4 となる。multiple 属性を指定しないで，かつ size 属性を指定しない場合は size 属性値を 1 にしたのと同じであり，プルダウンメニューとなる。

size 属性を指定すれば複数の選択肢を表示できるが，このままでは選択できるのは一つというプルダウンメニューと同じである。複数選択を可能にしたければ multiple 属性を忘れずに指定する。multiple 属性は値なしである。

商品の配達時間帯を指定するリストボックスの listbox.html を**リスト 1-48** に，その表示結果を**図 1.53** に示す。複数選択をしたい場合，Windows OS ならば，ユーザは Ctrl キーを押しながら選択することにより複数選択することができる。

リスト 1-48　listbox.html

```
   省略。sample15.html の 4 行目までと同じ。
5  <title> リストボックス </title>
6  </head>
7  <body>
8  <form method="post" action=" 送信先 URL" >
9  <p> 配達時間帯選択 (複数選択可)<br>
10 <select name="deliverytime[]"  multiple>
11 <option value=" 午前 9 時から 12 時 ">
12   午前 9 時から 12 時 </option>
13 <option value=" 午後 12 時から 3 時 ">
14   午後 12 時から 3 時 </option>
15 <option value=" 午後 3 時から 7 時 ">
16   午後 3 時から 7 時 </option>
17 <option value=" 午後 7 時から 9 時 ">
18   午後 7 時から 9 時 </option>
19 </select>
20 </p>
21 </form>
22 </body>
23 </html>
```

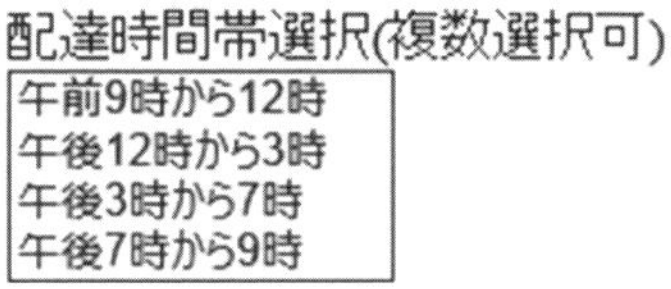

配達時間帯選択(複数選択可)
午前9時から12時
午後12時から3時
午後3時から7時
午後7時から9時

図 1.53　リストボックス

10 行目の name 属性のメニュー名には配列 deliverytime[] を指定し，配列内にユーザが選択した複数の値を格納する（配列は 2 章で説明する）。サーバが受信するときは，クライアントからの送信データが配列であることを意識する必要がある。

option 要素内に selected 属性を指定すれば，その選択肢が初期選択された状態の表示となる。multiple 属性を指定している場合は複数の選択肢に selected 属性を設定できる。selected 属性の具体的な使用法はつぎの 1.11.10 項にて説明する。

1.11.10　プルダウンメニューでの selected 属性指定

ユーザの選択肢が予想される場合などは，その選択肢をメニュー内に最初から選択状態で表示しておくことができる。プルダウンメニューに表示できる選択肢は一つだから，この指定は一つのみである。この指定は，その選択肢の option 要素に **selected 属性**を以下のように属性値なしで挿入する。

```
<option value="送信文字列" selected>初期表示文字列</option>
```

図 1.53 の配達時間帯選択の場合，時間帯を朝から夜へと並べたが，お客さまは夜の時間帯を選択する傾向があると予測すれば，表示を**図 1.54** のようにしたい。

配達時間帯選択(一つのみ選択)
午後7時から9時

図 1.54　selected 属性(1)

リスト 1-48（listbox.html）の 9～10 行目の

```
<p>配達時間帯選択 (複数選択可)<br>
<select name="deliverytime[ ]" multiple>
```

を

```
<p>配達時間帯選択 (一つのみ選択)<br>
<select name="deliverytime">
```

としてプルダウンメニューに変更し，17, 18 行目の

```
<option value="午後 7 時から 9 時">午後 7 時から 9 時</option>
```

に selected 属性を

```
<option value="午後 7 時から 9 時" selected>午後 7 時から 9 時</option>
```

のように挿入し，タイトルを

```
<title>selected プルダウンメニュー</title>
```

として pulldown_selected.html に保存する。別の時間帯がよいという場合には，[午後 7 時から 9 時] の右のチェックマークを選択すると，**図 1.55** のようになり，全時間帯を見て，その中から都合のよい時間帯を一つ選択することができる。

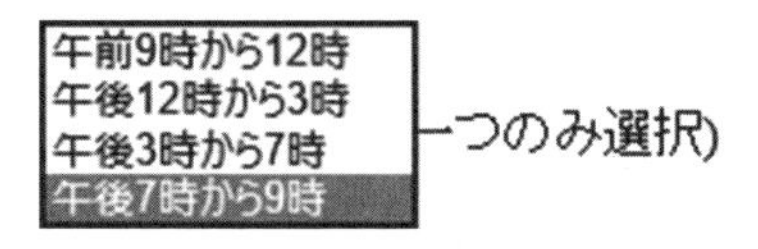

図 1.55　selected 属性(2)

1.11.11 新規会員登録フォーム

最後の例として，**図 1.56** のような新規会員登録フォームを作成する。**リスト 1-49** に registration_sample.html を示す。テキストフィールドとプルダウンメニューの組合せである。

新規会員登録

お客さま氏名

パスワード

電子メールアドレス

ご住所は？ 北海道

登録 リセット

図 1.56 新規会員登録フォーム

リスト 1-49 registration_sample.html

```
   省略。sample15.html の 4 行目までと同じ。
5  <title> 新規会員登録 </title>
6  </head>
7  <body>
8  <h3> 新規会員登録 </h3>
9  <form method="post" action=" データ送信先 URL">
10 <p> お客さま氏名　<input type="text" name="guestname"></p>
11 <p> パスワード　<input type="password" name="guestpw"></p>
12 <p> 電子メールアドレス　<input type="text" name="mail_ad"></p>
13 ご住所は？
14 <select  name="prefecture">
15 <option  value=" 北海道 "> 北海道 </option>
   ～省略。リスト 1-47(pulldown.html) の千葉県から高知県が入る～
26 <option  value=" 鹿児島県 "> 鹿児島県 </option>
27 </select>
28 <p><input type="submit" value=" 登録 ">
29 <input type="reset" value=" リセット "></p>
30 </form>
31 </body>
32 </html>
```

1.12　Web ページの作成

店舗トップページの構造は**図 1.57** のようであり，header 要素，main 要素，footer 要素，article 要素，aside 要素，nav 要素，section 要素から構成される。これらは内容を表す要素と領域を示す要素との二つに分類できる。本節では，これらの要素について説明し，Web ショップの各ページを作成する。

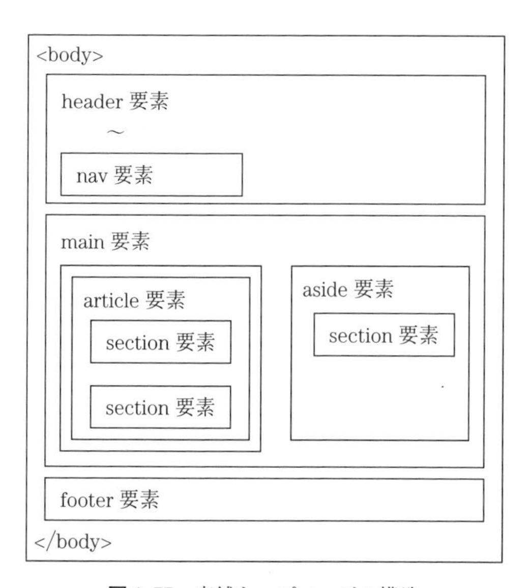

図 1.57　店舗トップページの構造

1.12.1　内容を表す要素

article 要素，aside 要素，nav 要素，section 要素が内容を表す要素で**セクション要素**といわれる。

article 要素は独立し，完結した内容を示す。

aside 要素はページに関連する補足的，サブ的な内容を示す。月別のキャンペーンの履歴，月別の社会奉仕活動の履歴などがこれに相当する。サイドバー，広告にも使用される。

section 要素は，文章の内容の構造を示す。例えば，article 要素内に section 要素を配置することにより，章，節，項などの文章内容に関連する構造を表すことができる。section 要素内に入れ子で section 要素が入れば，親 section 要素が章で，子 section 要素が節に当たるという構造，いわば目次に相当する構造を明確化できる。文章内容に関連する構造を明確にできれば，視覚に障害をもつ人のための音声読上げ時に便利である。section 要素には見出しを入れなければならない。見出しは h1〜h6 の 6 種類ある（1.3.1 項 参照）。

section 要素内に article 要素を入れることも可能である。article 要素の中に section 要素を入れるのか，section 要素の中に article 要素を入れるのかの使い分けは，より高度な専門書を参照してほしい。

nav 要素は，他のページに飛ぶ，あるいはそのページ内の指定された場所に飛ぶためのナビゲーションのリンクをまとめたセクションである。リンク元を示す文字列，画像を**ナビゲーション**という。

1.12.2　領域を示す要素

header 要素，main 要素，footer 要素はそれぞれページ内の領域を示す要素である。

header 要素はヘッダ領域を示す。ここにはページ全体の見出し，紹介的・導入的な文章，ロゴなどが入る。主要ナビゲーションを示す nav 要素を入れてもよい。header 要素内に，header 要素，main 要素，footer 要素を入れてはいけない。

main 要素は body 要素内における主たる内容の領域を示す。main 要素は一つのページに一つのみ設定できる。article 要素，aside 要素，nav 要素，header 要素，footer 要素内に，main 要素を入れてはいけない。

footer 要素はフッタ領域を示す。ここには，コピーライト（著作権），関連するページへのリンク，著作権者の氏名，付録データ，使用許諾などを入れる。footer 要素内に，header 要素，main 要素，footer 要素を入れてはいけない。

1.12.3　主要ナビゲーション

主要ナビゲーションは通常，ページ上部にあり，主要なページへのリンクがまとまっている部分であり，そのうちの一つを選択することにより，主要なページ間を行き来できるメニューである。主要ナビゲーションを nav 要素内容に記述する。本書の例では，店舗トップページから，商品ページ，新規会員登録ページ，ログインページと行き来できるようにする。リスト項目（箇条書きの項目）を横並びにすることにより，主要ナビゲーションを実現する。

〔1〕 **順序なし箇条書きの ul 要素**　通常，ナビゲーションには順序なし箇条書きの ul 要素が使用される。1.7.1 項における順序なし箇条書きである ul 要素は縦に配置されていたが，それを横配置にする。diplay プロパティを使用する。

〔2〕 **ブロックレベル要素とインライン要素**　h1〜h6，p，div，ul，ol，li などはデフォルトではブロックレベル要素であり，ウィンドウの横幅いっぱいに表示される，一塊（ひとかたまり）のブロックであり，その前後が改行される。vertical-align プロパティは指定できない。

em，strong，span，br，sup，sub，i，b，img などはデフォルトでインライン要素であり，行内（インライン）の一部分となり，その前後は改行されない。vertical-align プロパティを指定できる。

a 要素はインライン要素であるが，HTML5 では，a 要素内容に h1〜h6，p，div などのブロックレベル要素を入れることができる。ただし，そのブロックレベル要素中にリンクやフォームがあってはいけない。

〔3〕 **display プロパティ**　ブロックレベル要素，インライン要素の表示（display）形式を **display** プロパティにより指定することができ，デフォルトの状態を変更することができる。CSS の構文は

```
セレクタ {display: 値;}
```

であり，値には inline，block，inline-block がある。

ブロックレベル要素をセレクタにして display プロパティ値を inline にすれば，表示形式に関してインライン要素化され，そのブロックレベル要素は前後の改行なしに表示される。

インライン要素をセレクタにして display プロパティ値を block にすれば，そのインライン要素は表示形式に関してブロックレベル要素化され，ウィンドウの幅いっぱいに改行付きで表示される。例えば，インライン要素の img 要素をセレクタにして display プロパティ値を block にすれば，画像の前後で改行が起こり，つぎの文字列を画像直下に表示させることができる。

ある要素をセレクタにして display プロパティ値を inline-block にすれば，その要素はインライン要素のように行内に横並び表示されるが，その要素自体はブロックレベル要素の表示形式が可能である。よってブロックレベル要素に対して有効な width プロパティ，height プロパティなどの指定が可能になり，横並びされた要素

間に隙間ができる。そして vertical-align プロパティが有効になる。

〔4〕 **li 要素をセレクタにして display プロパティ値を inline-block 指定**　li 要素はブロックレベル要素であるが，display プロパティ値に inline-block を指定することにより，各 li 要素，すなわち，箇条書きの各項目をインライン要素のように1行の中に横並びに配置することができる。そして，li 要素自体はブロックレベル要素の表示形式が可能になる。ブロックレベル要素の表示形式が可能だから，li 要素内の a 要素を block 指定（display プロパティ値を block に）でき，1行に横並びになった li 要素内の a 要素をブロックレベル要素として表示できる。主要ナビゲーションの nav1.html を**リスト 1-50** に，表示を**図 1.58** に示す。

リスト 1-50　navi1.html

```
1  <!DOCTYPE html>
2  <html lang="ja">
3  <head>
4  <meta charset="UTF-8">
5  <title> ナビゲーション </title>
6  <style>
7  #nav ul li {display: inline-block; width: 120px; list-style-type: none;}
8  #nav ul li a {display: block; color: white; background: gray;
9              padding: 5px 0; text-align: center; text-decoration: none;}
10 #nav ul li a:hover {background: silver;}
11 </style>
12 </head>
13 <body>
14 <nav id="nav">
15 <ul>
16 <li><a href="index1.html"> 店舗トップ </a></li>
17 <li><a href="product1.html"> 商品 </a></li>
18 <li><a href="registration1.html"> 新規会員登録 </a></li>
19 <li><a href="login1.html"> ログイン </a></li>
20 </ul>
21 </nav>
22 </body>
23 </html>
```

店舗トップ　商品　新規会員登録　ログイン

図 1.58　主要ナビゲーション表示

1.12.4　子 孫 結 合 子

リスト 1-50（nav1.html）の 7〜9 行目

```
#nav ul li {display: inline-block; width: 120px; list-style-type: none;}
#nav ul li a {display: block; color: white; background: gray;
              padding: 5px 0; text-align: center; text-decoration: none;}
```

の 7 行目と 8 行目の行頭における半角スペースで区切られた ul li そして ul li a の部分は**子孫結合子**である。子孫結合子は**子孫コンビネータ**あるいは**子孫セレクタ**ともいわれる。セレクタは半角カンマで区切って複数並べることができるが，半角カンマではなく半角スペースで区切る場合は子孫結合子である。例えば s1，s2，s3 をセレクタとすると，CSS で

　　s1 s2 宣言ブロック

と記述すると，要素 s1 内の要素 s2 に対してのみ宣言ブロック内の宣言が適用される。

　　s1 s2 s3 宣言ブロック

とすると，要素 s1 内の要素 s2 内の要素 s3 に対してのみ宣言ブロック内の宣言が適用される。要素は h1〜h6，p のような要素名でも class セレクタでも id セレクタでもよい。

リスト 1-50 の 7〜9 行目の子孫結合子指定の結果，ul 要素内にある li 要素のみ，そして ul 要素内の li 要素内にある a 要素のみに対して，各宣言ブロックが適用される。

8 行目の display: block; がないと a 要素はインライン要素のままであり，アンカーの背景色は文字列と同じ長さとなるので，文字列内の文字数が少ないと背景色の帯が短くなり，間が白く空いてしまう。

9 行目の padding: 5px 0; はアンカー内の文字の上下のパディング指定である。同じく 9 行目で text-decoration プロパティを none にして，アンカー文字列に下線が引かれないようにする。

1.12.5　擬 似 ク ラ ス

リスト 1-50 の 10 行目の

```
#nav ul li a:hover {background: silver;}
```

の a:hover は**擬似クラス**といわれる。擬似クラスとは，要素の状態を指定し，その

状態のときのみ宣言ブロックが適用されるセレクタである。ここでは要素としてa要素を取り上げ，擬似クラスの説明をする。

a:linkはリンク先がまだ表示されていない状態，a:visitedはリンク先がすでに表示された状態，a:hoverはカーソルを上に乗せた状態，a:activateはマウスボタンが押されてから離されるまでの状態の擬似クラスである。a要素の擬似クラス指定をする場合は，この順に指定する。セレクタには優先順位があり，同じ種類のセレクタ，この場合は四つの擬似クラスは，後からの指定の優先順位が高いので，この順にしないと思ったような変化をしない。

擬似クラスの宣言ブロックのcolorプロパティは文字色，backgroundプロパティは背景色，text-decorationプロパティは下線の有無の指定である。例えば

```
a:hover {color: red; background: pink;}
```

とするとアンカーにカーソルを乗せた状態のときのアンカー文字列を赤に，アンカー背景色をピンクにできる。リスト1-50（nav1.html）の10行目ではアンカーにカーソルを乗せると背景色がsilverになる宣言をしている。

なおli要素を単にinline指定し，その中のa要素をblock指定すると，a要素ごとに改行されてしまう（nav2.html）。またli要素を単にinline指定し，その中のa要素をインライン要素のままにしておくと，a要素内容の幅はアンカー文字列の幅になり，アンカー幅が同幅にならない（nav3.html）。

1.12.6 店舗トップページ

店舗トップページのindex1.htmlを**リスト1-51**に示す。6行目のCSSファイルstyle.cssはまだ作成していない。

ページ作成の基本方針は以下の二つである。

1. 内容を表すセクション要素であるarticle要素，aside要素，section要素，nav要素を使用してアウトラインを組み上げる。アウトラインというのは内容の構造のことである。
2. レイアウト指定にはdiv要素を使用する。

10～21行目はheader要素の領域，22～53行目はmain要素の領域，54～57行目はfooter要素の領域である。著作権表示，免責条項などにはsmall要素を使用する。small要素のHTMLの構文は

```
<small> ～ </small>
```

リスト 1-51 index1.html

```
1 <!DOCTYPE html>
2 <html lang="ja">
3 <head>
4 <meta charset="utf-8">
5 <title> ショップ古炉奈 </title>
6 <link rel="stylesheet" href="style.css" >
7 </head>
8 <body>
9 <div id="container">
10 <header>
11 <h1> ようこそショップ古炉奈へ </h1>
12 <p> あなたの生活を豊かにする何かが見つかる店です。</p>
13 <nav id="global_nav">
14 <ul>
15 <li><a href="index1.html"> 店舗トップ </a></li>
16 <li><a href="product1.html"> 商品 </a></li>
17 <li><a href="registration1.html"> 新規会員登録 </a></li>
18 <li><a href="login1.html"> ログイン </a></li>
19 </ul>
20 </nav>
21 </header>
22 <main>
23 <div id="page">
24 <div id="page_main" class="index_style1">
25 <article>
26 <section>
27 <h2> キャンペーン実施中 </h2>
28 <p class=""> おかげさまで創立 10 周年を迎えました。<br>
29 感謝の気持ちを込めて <a href="campaign.html"> キャンペーン </a>
30 をご用意しました。</p>
31 </section>
32 <section>
33 <h2> 社会奉仕活動 </h2>
34 <p> 本ショップの社員は自発的ボランティアとして地域美化活動を行っています。</p>
35 </section>
36 </article>
37 </div>
38 <div id="page_sub" class="index_style2">
39 <aside>
40 <section>
41 <h3> 社会奉仕活動 </h3>
42 <h4> 月別アーカイブ </h4>
43 <ul>
44 <li><a href="#">1 月 </a></li>
```

```
45 <li><a href="#">2 月 </a></li>
46 <li><a href="#">3 月 </a></li>
47 </section>
48 </ul>
49 </section>
50 </aside>
51 </div>
52 </div>
53 </main>
54 <footer>
55 <p><small>Copyright &copy; <a href="#"> ショップ古炉奈 </a>
56 All Rights Reserved.</small></p>
57 </footer>
58 </div>
59 </body>
60 </html>
```

ようこそショップ古炉奈へ

あなたの生活を豊かにする何かが見つかる店です。

- 店舗トップ
- 商品
- 新規会員登録
- ログイン

キャンペーン実施中

おかげさまで創立10周年を迎えました。
感謝の気持ちを込めてキャンペーンをご用意しました。

社会奉仕活動

本ショップの社員は自発的ボランティアとして地域美化活動を行っています。

社会奉仕活動

月別アーカイブ

- 1月
- 2月
- 3月

Copyright © ショップ古炉奈 All Rights Reserved.

図 1.59 店舗トップページの HTML 構造と内容

であり，フォントサイズが一回り小さくなる（55〜56 行目）。

index1.html の表示を**図 1.59** に示す。6 行目の CSS ファイル style.css はまだ作成していないので，HTML の構造と内容のみである。

1.12.7　2 段組みレイアウト

リスト 1-51（index1.html）の article 要素（25〜36 行目）を左に，aside 要素（39〜50 行目）を右に配置する 2 段組みレイアウトの CSS について説明する。

HTML5 の新たな要素 article，aside，section，nav，header，main，footer は，ブラウザによってはインライン要素として扱われるので，CSS において display プロパティ値を block にしてブロックレベル要素にする（リスト 1-52 の 3 行目）。

レイアウトを 2 段組みにする方法に 3 種類ある。技法 1：display プロパティを使用する方法，技法 2：**float** プロパティ，**clear** プロパティ，および clearfix 技法の組合せ法，技法 3：float プロパティ，clear プロパティ，および **overflow** プロパティの組合せ法である。

〔1〕 **技　法　1**　　2 段組みの技法 1 は左右の段をそれぞれ inline-block 指定して横に並べる。inline-block だから，左段と右段の中にブロックレベル要素を記述できる。対応する CSS を**リスト 1-52**（style.css）に，表示結果を**図 1.60** に示す。この style.css を出発点とし，以降，この style.css を編集し，完成させる。リスト 1-52 の 1〜2 行目で各要素のボーダー（solid 1px）の表示宣言をする。このボー

リスト 1-52　style.css

```
1  #container,header,footer,#page {border: solid 1px; margin: 5px;}
2  #page_main, #page_sub {border: inherit; margin: inherit;}
3  header,main,footer,article,aside,section,nav {display: block;}
4  #container {width: 900px; margin: 0 auto; text-align: center;}
5  #global_nav ul li {display: inline-block;width: 120px; list-style-type: none; }
6  #global_nav ul li a {display: block; color: white; background: gray;
7    padding: 5px 0; text-align: center; text-decoration: none;}
8  #global_nav ul li a:hover {background: silver;}
9  #page_main {display: inline-block; vertical-align: top;}
10 .index_style1 {width: 63%;}
11 .index_style1 p.left {text-align: left; width: 370px; margin: 0 auto;}
12 #page_sub {display: inline-block; vertical-align: top;}
13 .index_style2 {width: 33%;}
14 .index_style2 ul li {text-align: left; width: 40px; margin: 0 auto;}
```

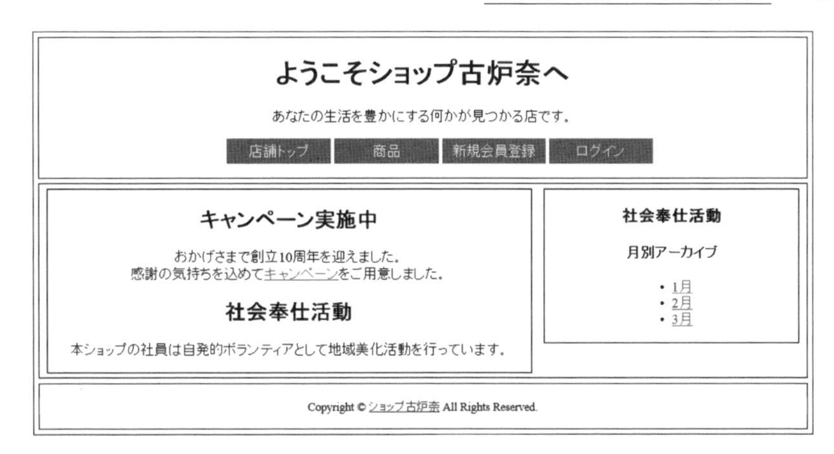

図 1.60 店舗トップページ

ダーは背景色を付けるときなどプログラム作成時の参考のために表示する。

3行目で header,main,footer,article,aside,section,nav の各要素をブロックレベル要素とし，4行目でページの横幅を 900px としている。5～8 行目はリスト 1-50 で説明した。9行目で左段の CSS を指定する。id 名 page_main の display プロパティ値を inline-block に宣言している。12 行目で右段の id 名 page_sub に対して同様の宣言をしている。左右の段とも vertical-align プロパティ値を top に宣言して左右の段の上端を揃えている。10 行目と 13 行目で左右の段の横幅の比率を宣言している。11 行目は段落の文字位置と幅，14 行目は箇条書きの文字位置と幅の宣言である。

〔2〕 **技　法　2**　　二つの id 名 page_main と page_sub に float プロパティ値 left と right を与え，2段組みレイアウトを実現する。CSS を**リスト 1-53**（style_clearfix.css）に示す。この CSS を使用するときは，index1.html の6行目の CSS ファイルを style_clearfix.css に変更し，index1_clearfix.html に保存する。表示は図 1.60 とほぼ同じである。

style_clearfix.css が style.css と異なる部分は 9, 12, 15 行目

```
#page_main {float: left;}
#page_sub {float: right;}
#page::after {content: ""; display: block; clear: both;}
```

である。9, 12 行目で回り込み指定をしている。15 行目はリスト 1-52 にはない。

#page::after は擬似要素の一つである。擬似要素をセレクタとする CSS の構文は

```
要素 ::after {宣言}
```

リスト 1-53　style_clearfix.css

```
   省略。技法 1 のリスト 1-52（style.css）の 8 行目までと同じ。
9  #page_main {float: left;}
10 .index_style1 {width: 63%;}
11 .index_style1 p.left {text-align: left; width: 370px; margin: 0 auto;}
12 #page_sub {float: right;}
13 .index_style2 {width: 33%;}
14 .index_style2 ul li {text-align: left; width: 40px; margin: 0 auto;}
15 #page::after {content: ""; display: block; clear: both;}
```

であり，この擬似要素の直後に要素内容を宣言する。15 行目の宣言ブロックでは要素内容を追加し，表示形式を指定している。content="" だから実は追加要素内容はない，display: block; により表示形式をブロックレベル要素にし，clear: both; で回り込みを解除している。これを **clearfix 技法**という。擬似要素はセレクタの最後に一つだけ指定することができる。

複数のページから構成されるサイト全体（本書では Web ショップ古炉奈の各種の複数ページの集合全体）を作成するときには，CSS ファイルはサイト全体で一つにするので，float: right; を使う可能性もある。clear: both; とすれば float: left; の場合でも float: right; の場合でも，これ一つで回り込みを解除できる。

擬似要素 #page::after を使用せず，リスト 1-53 の 15 行目を footer {clear: both;} とし（style_fc.css に保存），index1.html の 6 行目の CSS ファイルを style_fc.css に変更して index1_fc.html に保存し，表示させると，回り込みが解除されたように見えるが，div 要素 #page の高さがゼロでぺしゃんこになり（他のボーダーに比べ，少し太い線のように見える），その子要素である #page_main と #page_sub が外に出てしまう（**図 1.61**）。

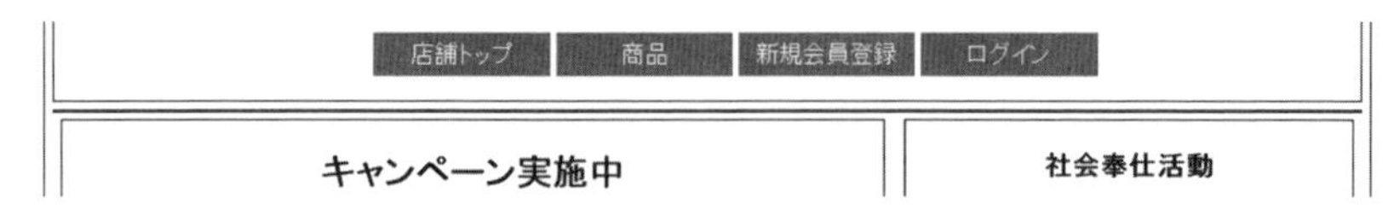

図 1.61　ぺしゃんこになった div 要素 #page

これは子のブロックレベル要素で float プロパティを指定すると，親のブロックレベル要素の高さが 0 になってしまうからである。clearfix 技法を用いることにより，親要素の最後に空（要素内容なし）のブロックレベル要素を配置し，そこで回り込みを解除することにより，子要素が中に入るようにしている。

なお，leftをrightに，rightをleftにすると，div要素である#page_mainと#page_subの左右を入れ替えることができる。リスト1-53の9行目と12行目のid名#page_mainと#page_subのfloatプロパティ値を共にleftにしても，左右の位置が微妙に異なるがほぼ同様の表示を得ることができる。

〔3〕 **技　法　3**　　overflowプロパティを使用する。clearfix技法と異なるCSS部分はリスト1-53の15行目の#page::after {content: ""; display: block; clear: both;}を#page {overflow: hidden;}とするだけである（style_overflow.cssに保存）。index1.htmlの6行目のCSSファイルをstyle_overflow.cssに変更してindex1_overflow.htmlに保存する。overflowプロパティはボックスに要素内容が入りきらないとき，はみ出す部分の表示方法を指定するプロパティである。これにより，親要素#pageから子要素#page_mainと#page_subがはみ出さなくなる。ただし，要素内容をボックスからわざとはみ出す表示をしたいときに，回り込み解除に使用したoverflow: hidden;が使用できない場合は，技法1のinline-blockあるいは技法2のclearfix技法を用いる。

1.12.8　セレクタ種類と優先順位

本書で登場するセレクタ種類には，タイプセレクタ，全称セレクタ，idセレクタ，classセレクタ，擬似クラス，擬似要素，属性セレクタがある。タイプセレクタはp，h1〜h6，body，div，ulなど要素名そのままのセレクタである。セレクタの大まかな優先順位は，idセレクタが最も高く，つぎにclassセレクタと擬似クラスと属性セレクタが同順位，タイプセレクタと擬似要素が同順位でさらに低い。全称セレクタが最も低い。同順位ならば後からの宣言が優先する。例えば，*.color { }の後にp.color { }があったとき，<p class="color">〜</p>の要素内容においては，p.color { }の宣言ブロックで宣言されたプロパティとその値が優先される。

1.12.9　商 品 ペ ー ジ

商品ページを作成する。product1.htmlを**リスト1-54**に，表示を**図1.62**に示す。

nav要素，footer要素はindex1.htmlと同じである。42行目のデータ送信先URLについては2章で説明する。43行目以降で，お客さまID，パスワード，商品個数の入力，お支払方法，配達時間帯の選択を表示する。style.cssに**リスト1-55**を追加し，上書きする。

リスト 1-54　product1.html

```
   省略。index1.html の 4 行目までと同じ。
5  <title> ショップ古炉奈の商品 </title>
6  <link rel="stylesheet" href="style.css" >
7  </head>
8  <body>
9  <div id="container">
10 <header>
11 <h1> ショップ古炉奈 </h1>
12 <nav id="global_nav">
   省略。index1.html の nav 要素と同じ
19 </nav>
20 </header>
21 <main>
22 <div id="page">
23 <div id="page_main" class="product_style1">
24 <section>
25 <h3> 商品のご紹介 </h3>
26 <div class="img_block">
27 <img  src="chair1.jpg" alt="">
28 </div>
29 <div class="explain_block">
30 <p> 商品名：イス FC002</p>
31 <p> 特徴：メイプル無垢材です。<br>
32 時間の経過とともに飴色になります。<br>
33 本製品の座面高は 42cm です。<br>
34 1cm 刻みの脚カットを無料でお受けします。</p>
35 <p> 価格：&yen; 50,000</p>
36 </div>
37 </section>
38 </div>
39 <div id="page_sub" class="product_style2">
40 <section>
41 <h3> ご購入はこちらへ </h3>
42 <form method="post" action=" データ送信先 URL">
43 <p> お客さま ID　<input type="text" name="guestid"></p>
44 <p> パスワード　<input type="password" name="guestpw"></p>
45 <p> 商品個数　<input type="text" name="number"></p>
46 <p> お支払方法 <br>
   省略。input_radio.html の三つのラジオボタンが入る。
50 </p>
51 <p> 配達時間帯選択 (複数選択可)<br>
52 <select name="delverytime[]" multiple>
   省略。listbox.html の四つの option 部分が入る
57 </select>
58 </p>
```

```
59 <p><input type="submit" value=" 購入 "></p>
60 </form>
61 </section>
62 </div>
63 </div>
64 </main>
   省略。index1.html と同じ
```

図 1.62　商 品 ペ ー ジ

リスト 1-55　style.css への追加

```
.product_style1 {width: 57%;}
.product_style1 h3 {text-align: center;}
.img_block {display: inline-block;}
.img_block img {border: solid 1px; margin: 0 15px 0 0;}
.explain_block {display: inline-block; text-align: left;}
.product_style2 {width; 33%; padding: 0 15px 0;}
```

1.12.10　新規会員登録ページ

新規会員登録ページの registration1.html を**リスト 1-56** に示す。リスト 1-49（registration_sample.html）の body 要素に header 要素と footer 要素を追加するなど変更してある。CSS ファイル style.css に追加はない。

リスト 1-56　registration1.html

```
    省略。index1.html の 4 行目までと同じ。
5   <title> ショップ古炉奈　新規会員登録 </title>
6   <link rel="stylesheet" href="style.css" >
7   </head>
8   <body>
9   <div id="container">
10  <header>
    省略。product1.html と同じ
20  </header>
21  <main>
22  <div id="page">
    省略。registration_sample.html（リスト 1-49）の body 要素内容（8～30 行目）と同じ
46  </div>
47  </main>
48  <footer>
    省略。index1.html の footer 要素内容と同じ
51  </footer>
52  </div>
53  </body>
54  </html>
```

1.12.11　ログインページ

ログインページ login1.html は，input_text1.html の body 要素に header 要素と footer 要素を追加するなど変更を加えている。login1.html を**リスト 1-57** に示す。CSS ファイル style.css に追加はない。

店舗トップページの [キャンペーン] を選択したときに飛ぶページ campaign_sample.html を**リスト 1-58** のように編集し，campaign.html として保存する。campaign.html に主要ナビゲーションはない。CSS ファイル style.css に**リスト 1-59** を追加，上書きする。CSS ファイルの他の部分は同じであるから #container のボーダーと #page のボーダーが表示されることになる。

リスト 1-57　login1.html

```
    省略。index1.html の 4 行目までと同じ。
5   <title> ショップ古炉奈ログイン </title>
6   <link rel="stylesheet" href="style.css" >
7   </head>
8   <body>
9   <div id="container">
10  <header>
```

```
    puroduct1.html, registration1.html と同じ
20  </header>
21  <main>
22  <div id="page">
    省略。input_text1.html の body 要素内容と同じ
29  </div>
30  </main>
31  <footer>
    product1.html, registration1.html と同じ
34  </footer>
35  </div>
36  </body>
37  </html>
```

リスト 1-58 campaign.html

```
    省略。index1.html の 4 行目までと同じ。
5   <title> キャンペーン </title>
6   <link rel="stylesheet" href="style.css" >
7   </head>
8   <body>
9   <div id="container">
10  <main>
11  <div id="page" id="campaign_layout">
12  <article>
    campaign_sample.html の body 要素内容と同じ
25  <a href="index1.html"> 戻る </a>
26  </div>
27  </article>
28  </div>
29  </main>
30  </div>
31  </body>
32  </html>
```

リスト 1-59 style.css への追加

```
#page #campaign_layout {text-align: center; width: 50%; margin: 0 auto 0 auto;}
p.campaign {text-align: left; width: 480px; margin: 0 auto 0 auto;}
.campaign_table {border-collapse: collapse; margin: 10px auto 0 auto;}
.campaign_table td,th {padding: 0.5em;}
.campaign_table caption {caption-side: bottom; text-align: left;}
```

1.13 FTP によるアップロード

これまで作成してきた HTML と CSS は，作成者自身のパソコン内フォルダに存在しているので，作成者自身のパソコン上でしか表示できなかった。他の人のパソコンからも作成者のページを見ることができるようにするには，作成者のパソコンから，サーバにファイルを送信する必要がある。これを**アップロード**という。**ダウンロード**というのはその逆でサーバからパソコンにファイルを送信することである。FTP ソフトというファイル転送ソフトをアップロードに用いることができる。ここでは，本書を読んでいる読者が在学する学校なり所属組織なりのサーバにアップロードすることを考える。

1.13.1 ファイル転送ソフトのダウンロード

まずファイル転送ソフトを自分のパソコンにダウンロードする。複数の無料のファイル転送ソフトがあるので，どれか一つをダウンロードする。ここでは FFFTP というファイル転送ソフトを例にとる。

FFFTP のインストーラが存在する URL にアクセスする。例えば

http://osdn.jp/projects/ffftp/

がそうである[†]。学校・所属組織のサーバにすでに FFFTP インストーラが存在していれば，その URL にアクセスし，自分のパソコンの適当なフォルダ，例えばダウンロードフォルダにダウンロード（保存）する。

フォルダ内のインストーラである exe ファイルをダブルクリックして，インストーラを起動する。インストーラの指示に従い，処理を進め，インストール完了のメッセージが表示されれば完了である。インストーラの指示に従って処理を進めていくときに，学校なり所属組織なりのルールがある場合にはそれに従う。

1.13.2 ファイル転送設定

インストールの手順の中で，[デスクトップ上にショートカットを作成する] を選択すると，インストール成功時に FFFTP のアイコンがデスクトップに出現する

† 本書に掲載された URL は，編集当時のものであり，変更される場合がある。

(**図 1.63**)。そのアイコンをダブルクリックして FFFTP を起動する。インストール直後あるいは起動直後には，ホスト一覧ダイアログボックスが開いている。ホスト一覧ダイアログボックスが開いていないときは，ツールバーの接続ボタン（赤のコンセントのマーク）を選択して開き，以下の手順に従って，設定する。

1)　新規ホストボタンを選択する。「ホストの設定」ダイアログボックスが開く。
2)　学校・所属組織の指示に従い，ホストの設定名，ホスト名（アドレス），ユーザ名，パスワード/パスフレーズを入力する。一般のプロバイダの場合は，プロバイダから通知される。
3)　ローカルの初期フォルダの右のボタンを選択する。そして，作成したファイルが存在するフォルダを選択し，OK ボタンを選択する。
4)　ホストの初期フォルダには特に指示がないかぎり，通常なにも入力しない。
5)　学校，所属組織の環境によっては，「ホスト設定」ダイアログボックスのメニューバーの「拡張」タブを選択し，各種設定をする必要がある。例えば，拡張タブを選択して「PASV モードを使う」のチェックを外し，OK を選択する必要がある場合がある。これについては，学校，所属組織の指示に従ってほしい。
6)　「ホストの設定」ダイアログボックスの一番下の左にある「OK」ボタンを選択すると，「ホスト一覧」ダイアログボックスに戻り，そこにホストの設定名で入力したホスト名が追加されている。

図 1.63　FFFTP アイコン

1.13.3　サーバへのファイル転送

ホストの設定で設定したホスト（サーバ）に作成したファイルをアップロードする。以下の手順で進める。

1)　FFFTP を起動する。デスクトップ上にアイコンがあればそれをダブルクリックする。
2)　ホスト一覧の中から，ファイル転送設定で追加したホスト名を選択し，「接続」ボタンを選択する。セキュリティの警告が表示されたら，［アクセスを許可する］ボタンを選択するとサーバに接続される。

左半分にパソコン内フォルダの内容（作成したファイルが並んでいるはず），右半分にサーバ内の転送先フォルダの内容（最初は空っぽのはず）が表示される。

3) 左半分の中からアップロードしたいファイルを選択し，アップロードボタン（上矢印マーク）を選択すると，サーバへの転送が開始される。転送が完了すると，そのファイル名が右半分に出現する。

4) 切断ボタン（赤のコンセントに×が付いたマーク）を選択し，サーバとの接続を切る。

5) 最後に「閉じる」ボタンを選択して，FFFTP を終了する。

パソコンにおいて，Web ブラウザを開き，アドレスバーに転送した HTML ファイルの URL を入力し，Enter キーを押下すれば，作成した Web ページが表示される。CSS ファイルも転送しておく。自分のパソコンにおいてファイルを編集更新した場合，再度，サーバにそのファイルを転送することにより，インターネット上での更新が完了する。

以上の手順に関して，一般のプロバイダのサービスを利用する場合は，プロバイダのホームページを参照するとともに，プロバイダの指示に従う必要がある。

2章 PHP

本章ではWebショップのサーバ上のプログラミング言語として採用したPHPについて解説する。PHPによるプログラミング，アプリケーション作成のためのオブジェクト指向機能，クライアントとサーバの間のデータ送受信について説明する。

2.1 PHPの第一歩

2.1.1 サーバ環境

本書では，サーバのプログラミング言語としてPHP，顧客情報管理や在庫管理を担当するデータベース管理システムとしてMySQLを採用する。PHP（2章），MySQL（3章），そしてWebサーバApacheをインストールできるXAMPPを用いてWindows OS上にサーバ環境を構築する。XAMPPのインストール法は巻末付録のA.2節に記載した。Apacheにより公開されるディレクトリをドキュメントルートといい，本書ではC:¥xampp¥htdocsである。この直下にwebshopという名前のフォルダ（ディレクトリ）を読者自らが作成し，そこにPHPファイルなどを保存する。ドキュメントルートに保存されたファイルはブラウザにより閲覧できてしまう。本書では，クライアント（ブラウザ）とサーバは読者の1台のパソコン上にあるというローカル環境（閉じた環境）を前提としており，読者のパソコンの外へのWebショップシステム公開とその際のファイル保存のフォルダに関しては，適宜，教員の指示，あるいは所属組織の管理者の指示に従ってほしい。

2.1.2 スクリプト言語

PHPは，正式にはPHP:Hypertext Preprocessorという名称の**スクリプト言語**である。スクリプト言語の定義はプログラミング言語の専門家ごとに微妙に異なるが，記述したい処理がさくっと手軽に記述できる，変数の型宣言不要，コンパイル不要のインタープリタ型プログラミング言語，という定義が最大公約数的な定義といえよう。現在，スクリプト言語と呼ばれるプログラミング言語の多くはオブジェクト指向機能をもち，多彩な処理が実現できるようになっており，あるプログラミング言語がスクリプト言語かどうかを厳密に区別・判断することは難しいし，プログラミング言語の専門家でもないかぎりそのような必要はないと考える。よって，PHP は，主にサーバの処理を記述するスクリプト言語といってもよいし，主にサーバの処理を記述するプログラミング言語といってもよい。

2.1.3 基本構造

PHP プログラムは <?php で開始し ?> で終了する。<?php を開始タグ，?> を終了タグ，<?php と ?> とで囲まれた部分を **PHP ブロック**という。

PHP ブロックは，一つ以上の文（ステートメント）の集まりから構成され，文と文の区切り記号はセミコロン ; である。これを構文で示すと

```
<?php
文;
文;
  ------------
文;
?>
```

となる。1 章でも述べたが構文とは簡単にいえば，言語の形である。------------ のところは，文 ; の繰り返しである。これは本書で採用する簡略化した構文表現である。なお，最後の文の後ろのセミコロン ; は省略できる。

HTML の中に PHP ブロックを埋め込むことができる。埋め込まれた PHP ブロックは <?php と ?> で囲まれている。PHP ブロック以外は文字列としてクライアントに出力される。

複数の文を波括弧 { と } で囲むことによってグループ化し，全体を一つの文（グループ文）とすることができる。よって，グループ文の構文は

```
{ 文 ; ------------ 文 ; }
```

である。文の中に式が出現する。式は評価され，値を返す。式の具体的な説明は各種の文の説明の中で述べる。各種の文のうち，本書では主に条件文（if 文，if～else 文，if～elseif 文，switch 文），繰り返し文（while 文，do～while 文，for 文，foreach 文）について説明する。

2.1.4 最初の PHP プログラム

〔1〕 **PHP ブロックのみ**　例として，文字列 はじめまして を出力する PHP を作成する（**リスト 2-1** printsample1.php）。PHP のファイル名の拡張子を .php とする。

リスト 2-1 printsample1.php

```
1 <?php
2  print " はじめまして ";
3 ?><br>
```

2 行目の print は文であり，表示させたい文字列をダブルクォートあるいはシングルクォートで囲み，最後にセミコロンを置く。エディタ（本書ではサクラエディタを使用。インストール法は巻末付録の A.1 節に記載）を用いてリスト 2-1 を入力する。はじめまして 以外は半角文字である。ファイル名 printsample1.php とし，文字コードセットを UTF-8 にし，フォルダ C:¥xampp/htdocs/webshop に保存する。以降，文字コードセットは UTF-8 にする。XAMPP を起動し Apache をスタートさせておく（巻末付録の A.2 節 参照）。

ブラウザを開き，ブラウザの URL 欄（検索欄ではない）に http://localhost/webshop/printsample1.php と入力し，Enter キーを押下すれば，ブラウザ内に はじめまして と表示される。

うまく表示されない初歩的なミスを以下に列挙する。

(1) ファイル printsample1.php がフォルダ C:¥xampp/htdocs/webshop に保存されていない。うっかり，別のフォルダに格納してしまっている。

(2) 入力ミスがある。

(a) 誤字脱字がある。例えば <?php でなく <php? になっているとか，ダブルクォート " やセミコロン ; が抜けているとか。特に文の直後のセミコロンが抜けてないかどうか。

(b) 全角文字がある。ダブルクォートあるいはシングルクォートで囲んだ文字列以外の英数字は半角である。さらにスペースも半角である。出力文字列以外に全角スペースを入れてしまうと探すのがとてもやっかいなので注意しよう。

(3) ファイル名の拡張子が .php 以外のものになっている。

(4)　そもそも Apache が起動されていない。

命令名や関数名は英大文字と英小文字を区別しない。よって print は PRINT でもよい。関数も命令も文であるから，直後にセミコロン ; を置く。一方，変数，スーパーグローバル変数，定数は英大文字と英小文字を区別する。

〔2〕 **HTML の中の PHP ブロック**　printsample1.php（リスト 2-1）を**リスト 2-2** のように変更し，printsample2.php に保存，実行すると，はじめましてと表示される。!DOCTYPE，html などのタグについては 1 章を参照してほしい。拡張子 .php により処理系は HTML 内に PHP ブロックが入っていることを知る。

リスト 2-2　printsample2.php

```
1  <!DOCTYPE html>
2  <html lang="ja">
3  <head>
4  <meta charset="UTF-8">
5  <title>First Script</title>
6  </head>
7  <body>
8  <?php       //PHP 開始
9  print "<p> はじめまして </p>";
10 /* PHP 終了 */  ?>
11 </body>
12 </html>
```

8〜10 行目の <?php と ?> で囲まれた部分が PHP ブロックである。

〔3〕 **コメント**　PHP のコメントには 2 種類ある。// は，// からその行の最後までがコメントである。一方 /* と */ は /* と */ とで囲まれた部分がコメントである。コメントは人間のためのもので，処理系はこれを読み飛ばす。

2.1.5 文字列処理

〔1〕 **出　　力**　出力には print（関数ではないので括弧 ( ) はなくてもよい）あるいは echo を使用する。print は返り値 TRUE を返す（返り値 TRUE は返り値 1 として扱う）。一方 echo は値を返さない。本書では print を使用する。文字列はダブルクォート " あるいはシングルクォート ' で囲む。リスト 2-1 では " を使用している。二つのダブルクォート " で囲まれた，あるいは二つのシングルクォート ' で囲まれた内部の文字列以外はすべて半角文字（スペースも半角スペース）で

なければならない。PHP 内の print あるいは echo からの出力を，クライアントのブラウザは HTML として解釈，処理する。

〔2〕 **ダブルクォートとシングルクォート** 出力文字列が I'm a boy の場合，print 'I'm a boy'; とするとエラーとなる。理由は，2 番目の ' を文字列の一部ではなく文字列の最後を示す記号と処理系が判断し，3 番目の ' が余ってしまうからである。" と " で囲まれた文字列内に " が入っている場合も同様にエラーとなる。

これを避けるには二つの方法がある。

方 法 1： print "I'm a boy"; のように 文字列全体を " と " で囲む方法である。すなわち，文字列内部で ' を使用したいときは " と " で文字列全体を囲む。逆に文字列内部で " を使用したいときは ' と ' で文字列全体を囲む。

方 法 2： print 'I¥'m a boy'; とする方法である。この ¥ 記号（環境によってはバックスラッシュ記号）は，その直後の 1 文字を PHP 記号として解釈，処理するな，文字そのものだ，と指示している。これを**エスケープ処理**といい，¥ を**エスケープ文字**という。¥ がなければ ' は文字列の開始を示す PHP 記号だが，¥ はその働きを打ち消し，' は文字そのものなのだ，と指示している。エスケープというのは，働きを打ち消すという意味である。**表 2.1** に示した ¥ 記号 + 文字のことを**エスケープシーケンス**という。

表 2.1 エスケープシーケンス

シーケンス	処理結果	シーケンス	処理結果
¥'	'	¥t	タ ブ
¥"	"	¥r	キャリッジリターン
¥¥	¥		
¥n	改行	¥$	$

" で囲んだ文字列内にさらに " が出現する場合も，" で囲んだ文字列内部の " を ¥" とすればよい。ただし，表 2.1 で，シングルクォートで囲んだ文字列内において有効なエスケープシーケンスは ¥' と ¥¥ だけである。例えば

```
print 'ここで改行 ¥n 次の行';
```

の表示は

```
ここで改行 ¥n 次の行
```

となり，¥n がそのまま表示されてしまう。表示→ソースでサーバからクライアント（ブラウザ）に渡された HTML ソースプログラムを見ると

ここで改行 ¥n 次の行

となっているので ¥n はそのまま表示されてしまう。シングルクォートをダブルクォートに変更し

```
print "ここで改行 ¥n 次の行";
```

とすると，表示では

ここで改行 次の行

となり，¥n は表示されないが，改行もされない。よく見ると [ここで改行] と [次の行] の間に半角スペースが入っている。表示→ソースで HTML ソースプログラムをみると

ここで改行
次の行

と改行されている。

1.3.3 項で説明したように，HTML ソースプログラム上で改行してもブラウザ表示では半角スペースが入るだけだということを思い出してほしい。ブラウザ表示で改行したければ

```
print "ここで改行 <br> 次の行";
```

とする。こうすればブラウザに渡される HTML プログラムは ここで改行
 次の行 であるから，
 タグが解釈，処理され，ブラウザ表示で改行される。

2.1.6　ブラウザ表示までの仕組み

リスト 2-2 を例にとり，はじめまして が表示される仕組みについて説明する。クライアントのブラウザの URL 欄に http://localhost/webshop/printsample2.php と入力し，Enter キーを押下すると，サーバに printsample2.php の処理が要求される。サーバで printsample2.php の PHP ブロックのみが処理され，結果としての HTML プログラムがクライアントに送信され，この HTML プログラムがクライアントで処理される。ブラウザに はじめまして が表示されている状態で，ソースを表示（ツールバーから表示を選択し，ソースを選択）すると，**リスト 2-3** のようになっている。

これを見ると <?php や //PHP 開始 や print や /*PHP 終了*/ や ?> は PHP 処理系により解釈・処理され，結果としての HTML プログラムの body 要素には <p>はじめまして</p> のみがあり，文字列 はじめまして が段落（p 要素）として前後に

リスト 2-3　HTML

```
1  <!DOCTYPE html>
2  <html lang="ja">
3  <head>
4  <meta charset="UTF-8">
5  <title>First Script</title>
6  </head>
7  <body>
8  <p> はじめまして </p>
9  </body>
10 </html>
```

改行が入った状態でブラウザに表示される。

2.2 変数と定数

2.2.1 変　　数

変数は一種の箱であり，その中に値を格納する。箱の中の値はプログラム実行中に変更することができる。変数名は，その箱に付与された名札あるいは表札のようなものである。PHP における変数名の最初の文字は $ である。$ に引き続く 2 番目の文字は半角英字あるいは半角アンダースコア _ である。3 番目以降の文字は半角の英数字あるいは _ である。よって $x はよいが，$3x はエラーとなる。$ に引き続く 2 番目の文字に例えばアンダースコア _ を挿入して $_3x とすれば OK である。

変数名において，大文字と小文字は区別される。例えば，変数 $t と変数 $T は別の変数である。

2.2.2 型　宣　言

PHP では変数の型宣言は不要である。変数に，文字列が代入されればその変数は文字列型に，整数が代入されればその変数は整数型となる。

整数型には，10 進数，0x で始まる 16 進数などがある。**文字列型**は，ダブルクォートあるいはシングルクォートで囲まれている。**論理型**の値は，TRUE あるいは FALSE である。**配列型**には添字配列と連想配列がある。**オブジェクト型**は **new 演算子**によって生成されるオブジェクト（インスタンス）の型である（2.9 節）。NULL は変数が値をもっていないこと（空値）を表す型である。

2.2.3　代　　　入

変数に値を格納するには代入演算子 = を使用する。例えば，変数 $x に文字列 Hello world を格納するには

```
$x = "Hello world";
```

変数 $x に整数 7 を格納するには

```
$x = 7;
```

変数 $x に浮動小数点数 0.145 を格納するには

```
$x = 0.145;
```

とする。リスト 2-2（printsample2.php）の 9 行目の

```
print "はじめまして";
```

を

```
$x="はじめまして";
print $x;
```

のように変更し，printsample3.php に保存し，実行しても はじめまして が表示される。

2.2.4　"変数" と '変数'

変数を ' あるいは " で囲むときでは違いが生じる。' で囲んだ変数は評価（展開ともいう）されないが，" で囲んだ変数は評価される。よって変数 $x の値が知りたくて，**リスト 2-4** のようにしても，結果表示は 1=1 となってしまう。なぜなら 3 行目の "$x=" において変数 $x は " で囲まれた中にあるので，変数 $x を評価，言葉を換えれば，$x という名札の付いた変数箱の中に入っている中身を暴いてしまい，1 を取り出してしまうからである。意図した結果を得るには**リスト 2-5** のようにする。そうすれば結果表示は $x=1 となる。

リスト 2-4

```
1  <?php
2    $x=1;
3    print "$x=";
4    print $x;
5  ?>
```

リスト 2-5

```
1  <?php
2    $x=1;
3    print '$x=';
4    print $x;
5  ?>
```

2.2.5 定　　数

変数と異なり，**定数**は一度定義されるとプログラム実行中にその値を変更することはできない。定数定義は define() 関数を使用し（関数の説明は 2.7 節），例えば

```
define("PAI", 3.14159265);
```

とすれば，以降，円周率として 3.14159265 と書く代わりに定義した定数名の PAI を書けばよい。

定数名に使用できる文字は英数字とアンダースコア _ である。定数名の先頭文字に $ を付けてはいけない。定数名では英大文字と英小文字は区別されるが，定数名には通常，英大文字が使用される。予約語（巻末付録の A.6 節）を定数名にすることはできない。

PHP には定義済みの定数がある。例えば，前記の円周率は M_PI という定数名で定義済みである（M_PI のほうが小数点以下の桁数が多いが）。本書で出現する他の定義済みの定数には ENT_QUOTES などがある。ENT_QUOTES は値 3 の定数である。

2.2.6 配列と array() 関数

〔1〕 **配　　列**　**配列**は，その中に変数の箱が並んでいるものと考えることができる。変数の箱だからその中にデータを入れることができる。並んだ箱を識別するために箱には 0 から始まる番号が順に付与される。配列名は配列全体の名前であり，変数名と同様に $ で始まる。例えば，配列 $mountains の 0 番目（最初）の箱，これを第 0 要素というが，そこに山の名前のデータを格納するには

```
$mountains[] = "富士山";
```

とする。箱内のデータ，この場合，第 0 要素を参照したければ

```
print $mountains[0];
```

とする。富士山 が表示される。

箱内のデータは，富士山のような文字列でも，整数でも，浮動小数点数でもよい。数値の場合はダブルクォートあるいはシングルクォートで囲む必要はない。$mountains[] = "富士山"; に引き続き

```
$mountains[] = "北岳";
$mountains[] = "奥穂高岳";
```

とすれば，配列 $mountains の第 1 要素に 北岳 が，第 2 要素に 奥穂高岳 が格納さ

れる。このように順に格納していくと，要素の番号（添字（そえじ）あるいはインデックスという）が順に増加していく。添字を指定して

```
$mountains[3] = "槍ヶ岳";
```

とすれば配列 $mountains の第 3 要素に 槍ヶ岳 が格納され，引き続き

```
$mountains[3] = "間ノ岳";
$mountains[4] = "槍ヶ岳";
```

とすれば第 3 要素に 間ノ岳 が上書きされ，第 4 要素に新たに 槍ヶ岳 が格納される。この時点で配列 $mountains のデータが入っている最後尾の箱（要素）の添字は 4 である。ここで

```
$mountains[] = "悪沢岳";
```

とすれば，配列の最後尾のつぎの要素は第 5 要素だから，添字は 5 に自動増加され，$mountains[5] に 悪沢岳 が格納される（悪沢岳は「わるさわだけ」と読む）。

〔２〕 **array() 関数**　配列 $mountains の要素にデータを格納する方法は，〔１〕で説明した一つずつ格納する方法の他に，array() 関数により一気に格納する方法がある。array() 関数を使用すれば

```
$mountains = array("富士山","北岳","奥穂高岳","間ノ岳","槍ヶ岳","悪沢岳");
```

のように一気に格納することができる。なお配列を初期化するには $mountains = array(); とすればよい。array() 関数は PHP の定義済み関数であり，ユーザは自ら定義することなく使用できる。

2.2.7　連　想　配　列

配列の要素を番号で指定する代わりに，**キー**で指定することができる。キーは文字列から構成される名前で，**連想キー**ともいわれる。このような配列を**連想配列**という。連想配列では，配列内の各箱（要素）に名前を付ける。連想配列名は配列名，変数名と同様に $ で始まる。例として日本で一番高い山の各種のデータを連想配列 $No1_Yama に格納してみよう。

```
$No1_Yama["name"] = "富士山";
$No1_Yama["pref"] = "山梨県と静岡県";
$No1_Yama["height"] = "3776m";
```

となる。ここで name，pref，height がキーである。格納されたデータを参照するには，例えば

```
print $No1_Yama["name"];
```

とすれば，富士山が表示される。キーの文字列はダブルクォートあるいはシングルクォートで囲む。連想配列では添字は自動増加されないので，具体的にキーを記述する必要がある。array() 関数を使用してこの例と同じことをするには

```
$No1_Yama = array("name" => "富士山",
                  "pref" => "山梨県と静岡県",
                  "height" => "3776m");
```

のように => を使用する。

2.2.8 二次元配列

配列内の箱を縦横の格子状に並べることができる。このような配列を**二次元配列**という。2.2.6 項の配列と 2.2.7 項の連想配列はその中の箱が一方向に並んでいる一次元配列ということができる。よって，二次元配列は，一次元配列内の箱の内部がさらに一次元配列になっているとみなすことができる。前述の山のデータの配列を例にとり，array() 関数を用いると

```
$J_mountains = array(array("富士山","山梨県と静岡県", "3776m"),
                     array("北岳","山梨県", "3193m"),
                     array("奥穂高岳","長野県と岐阜県","3190m"),
                     array("間ノ岳","山梨県と静岡県","3190m"),
                     array("槍ヶ岳","長野県","3180m"),
                     array("悪沢岳","静岡県","3141m"));
```

のような，横方向に一つの山のデータが格納され，それに続く山のデータが縦方向に並んでいる二次元配列を作成することができる。この二次元配列の 3 行 2 列目のデータを参照するには print $J_mountains[2][1]; とすれば長野県と岐阜県が表示される（添字の番号は 0 から始まることを思い出そう）。

連想配列を用いて二次元配列を構成することもできる。前述 2.2.7 項の連想配列の $No1_Yama に引き続き

```
$No2_Yama=array("name"=>"北岳",
                "pref"=>"山梨県","height"=>"3193m");
$No3_Yama=array("name"=>"奥穂高岳",
                "pref"=>"長野県と岐阜県","height"=>"3190m");
$No4_Yama=array("name"=>"間ノ岳",
                "pref"=>"山梨県と静岡県","height"=>"3190m");
$No5_Yama=array("name"=>"槍ヶ岳","pref"=>"長野県","height"=>"3180m");
```

```
$No6_Yama=array("name"=>"悪沢岳","pref"=>"静岡県","height"=>"3141m");
```

とすれば，$J_mountainsAssoc をつぎのようにして作成できる。

```
$J_mountainsAssoc
=array($No1_Yama,$No2_Yama,$No3_Yama,$No4_Yama,
                                        $No5_Yama,$No6_Yama);
```

このようにしておけば，日本で２番目に高い山の名前と高さを知りたければ

```
print $J_mountainsAssoc[1]["name"];
print $J_mountainsAssoc[1]["height"];
```

とすれば 北岳 3193m と表示され，連想配列を用いた参照のほうが直感的であることがわかる。

2.3 演　算　子

加算記号＋，減算記号－など，演算を表す記号を**演算子**という。演算子の両側に演算対象を配置する演算子を**二項演算子**という。＋や－はその両側に演算対象を配置するので二項演算子である。PHP で使用する基本的な演算子について説明する。

2.3.1 代 数 演 算 子

表 2.2 に**代数演算子**，その意味と使用例，演算の結果値を示す。

表 2.2　代数演算子

演算子	意　　味	使用例	結果値
+	加算（足し算）	7+3	10
-	減算（引き算）	7-3	4
*	乗算（掛け算）	7*3	21
/	除算（割り算）	7/2	3.5
%	剰余（余　り）	7%3	1

2.3.2 代 入 演 算 子

すでに 2.2.3 項で出てきているが，代入演算子は＝であり，意味は代入である。変数 $x に対するいくつかの代入演算例を示す。

```
$x=1;      // 変数 $x に 1 が格納される。
$x=$x+3;   // $x の値が 3 増加し，4 になる。$x+=3; としてもよい。
```

$x=$x-2;　//$x の値が 2 減少し，2 になる。$x-=2; としてもよい。

$y=$x;　　//$y に $x の値が代入される。この場合，$y の値は 2 になる。

2.3.3　加算子と減算子

変数 $i の値を単に 1 だけ増加させる，あるいは単に 1 だけ減少させる演算子がある。いま，$i に値がすでに格納されているものとする。

$i+=1; と同じことを**前置加算子** ++ を用いて，++$i; と記述できる。$i の値が 2 だとすると

```
$k=++$i;
```

の結果，$k の値は 3，$i の値は 3 になる。

同様に，$i-=1; と同じことを**前置減算子** -- を用いて --$i; と記述できる。

後置加算子，**後置減算子**もある。$i に値がすでに格納されているものとする。後置加算子 $i++; の意味は，$i の値をまず返してから，その後で $i の値を 1 増加させる。よって，$i の値が 2 だとすると

```
$k=$i++;
```

の結果，$k の値は 2，$ i の値は 3 となる。

後置減算子 $i--; の意味は，$i の値をまず返してから，その後で $i の値を 1 減少させる。よって，$i の値が 2 だとすると

```
$k=$i--;
```

の結果，$k の値は 2，$i の値は 1 となる。

2.3.4　文字列連結演算子

文字列同士を連結する演算子は半角ピリオド . である。"青木" と "一郎" を連結するには "青木"."一郎" とする。

変数を使った例を示す。$familyname="青木"; とすると，変数 $familyname には文字列 青木 が格納される。つぎに $firstname="一郎"; とする。その後，文字列連結演算子を用いて

```
$name1 = $familyname.$firstname;
```

とすると変数 $name1 には 青木一郎 が格納される。

```
$name2 = "青木"."一郎";
```

としても $name2 には 青木一郎 が格納される。

$name3 = "青木"; としておいて $name3 .= "一郎"; としても $name3 には 青木一郎 が格納される。**リスト2-6** を実行すると，等号の右の表示はすべて 青木一郎 となる。
 タグも文字列として連結できる。5行目の print '$name1='.$name1."
"; の 'name1=' を "name1=" とする（concatinate1.php に保存）と変数 name1 が評価されてしまい，青木一郎 = 青木一郎 となってしまうので注意すること。

リスト2-6　concatinate.php

```
1  <?php
2  $familyname=" 青木 ";
3  $firstname=" 一郎 ";
4  $name1 = $familyname . $firstname;
5  print '$name1='.$name1."<br>";
6  $name2 = " 青木 "." 一郎 ";
7  print '$name2='.$name2."<br>";
8  $name3=" 青木 ";
9  $name3.=" 一郎 ";
10 print '$name3='.$name3."<br>";
11 ?>
```

2.3.5　比較演算子[†]

比較演算子は二項演算子であり，両側に配置した値同士を比較する。比較演算の結果値は真（TRUE）あるいは偽（FALSE）である。例えば表2.3の < はその両側に配置した値同士を比較し，左側の値が右側の値より小さい（未満）ならば真，そうでなければ偽，が結果値である。**表2.3** において，$x の値は 3，$y の値は 7 と

表2.3　比較演算子

演算子	意　味	使用例	結果値
<	より小さい（未満）	$x<$y	真
>	より大きい	$x>$y	偽
<=	以　下	$x<=$y	真
>=	以　上	$x>=$y	偽
==	等しい	$x==$y	偽
<>	等しくない	$x<>$y	真

〔注〕 $x の値は 3，$y の値は 7 とする。

† 3章 MySQL の比較演算子の等しいは = である。

しているから，$x<$y は，3<7 ということであり，3 は 7 より小さいから，結果値は真である。比較演算子は 2.4 節の条件分岐文，2.5 節の繰り返し文などに使用する。

2.3.6 論理演算子

論理変数同士の演算を**論理演算**という。論理変数のデータ型は**ブーリアン型**であり，値は TRUE（整数値 1 と同値），あるいは FALSE（整数値 0 と同値）である。以下の**論理演算子**の説明で，$a，$b は論理変数である。

〔1〕 **論 理 和**　2 種類の**論理和演算子** or と || がある。**表 2.4** に $a と $b の真と偽の値の組合せと結果値を示す。このような表を**真理値表**という。論理和の演算においては，$a と $b のうち，少なくとも一つが真ならば演算結果値は真となる。

表 2.4　論理和演算子 or あるいは ||

$a	$b	$a or $b あるいは $a || $b
偽	偽	偽
偽	真	真
真	偽	真
真	真	真

表 2.5　論理積演算子 and あるいは &&

$a	$b	$a and $b あるいは $a && $b
偽	偽	偽
偽	真	偽
真	偽	偽
真	真	真

演算子には優先順位がある。優先順位というのは演算をするときの強い，弱いの序列である。算数において，例えば，5 + 3 × 2 を計算するとき，掛け算×は足し算＋より強いので，先に 3 × 2 を計算してから，5 を足す。つまり，5 + (3 × 2) である。二つの論理和演算子 or と || では，|| のほうが or より強い。

〔2〕 **論 理 積**　2 種類の**論理積演算子** and と && がある。**表 2.5** に真理値表を示す。論理積の演算においては，$a と $b の両方が真の場合のみ演算結果値は真となる。論理積演算子 and と && では，&& のほうが and より強い。

〔3〕 **排他的論理和**　**排他的論理和演算子**は xor である。**表 2.6** に真理値表を示す。排他的論理和の演算においては，$a と $b のどちらか一方が真の場合のみ演算結果値は真となる。言葉を変えれば，真の論理変数が奇数個のときに結果値は真となる。$a，$b が共に偽のとき，すなわち真がゼロ個のとき，ゼロは偶数とみなし，$a xor $b は偽となる。

表 2.6　排他的論理和演算子 xor

$a	$b	$a xor $b
偽	偽	偽
偽	真	真
真	偽	真
真	真	偽

表 2.7　否定演算子 !

$a	!$a
偽	真
真	偽

〔4〕 **否　　定**　**否定演算子**は ! である。演算子の片側に演算対象を置く単項演算子である。真理値表を**表 2.7** に示す。否定演算により偽は真に，真は偽に反転する。

〈演算例〉

$x1 に 1，$x2 に 2，$x3 に 3，$x4 に 4 が代入されているとき

```
($x1<$x2)||($x3>$x4)        // 真である
($x1<$x2)&&($x3>$x4)        // 偽である
!(($x1<$x2)&&($x3>$x4))     // 真である
($x1<$x2)xor($x3>$x4)       // 真である
```

論理演算子全体に関して優先順位がある。演算を記述するときにはその優先順位に気を付ける必要があり，自信がないときには，算数の計算と同じように括弧で括（くく）って演算順序を明示する。括弧で括った演算の優先順位は高く，先に演算される。

2.4　条 件 分 岐 文

条件の違いによりつぎに実行するべき処理が異なる文である。言葉を変えれば，条件分岐というのは「分かれ道（Y 字路）の分岐ポイントに条件が置いてあって，その条件に依存して，進むべき道（処理）が決まり，その道（処理）へと分岐して行く」ということである。if 文，if～else 文，if～elseif 文，switch 文を説明する。

2.4.1　if　　　文

if 文の構文は

```
if (条件式) {条件式の演算結果値が真のときに実行される処理}
```

である。条件式は比較演算，論理演算であり，その結果値の真偽により二方向に分岐する。真のときは{}内の処理実行のほうに進み，偽のときは{}内の処理実行はせずにスキップする。処理が一つの場合は{と}は省略してもよく，その場合は

　　if (条件式) 処理

となる。例とその説明を**リスト 2-7**（if1.php）に示す。

リスト 2-7　if1.php

```
1  <?php
2  $i = 1; // 変数 $i に値 1 を代入
3  if ($i<2)  //$i は 2 より小さいから条件式の値は真。条件式の後ろに ; は付けない。
4  print '$i='."$i<br>"; // 変数 $i の値である 1 が表示される。
5                        // 波括弧で囲み {print '$i='".$i<br>";} としてもよい。
6  $k = 3; // 変数 $k に値 3 を代入
7  if ($k<2) //$k は 3 であり，2 より大きいから条件式の値は偽
8  print '$k='."$k<br>"; // ここはスキップされ何も表示されない。
9  ?>
```

2.4.2 if～else 文

if～else 文の構文は

　　if (条件式) {条件式の演算結果値が真の時に実行される処理}
　　　else {条件式の演算結果値が偽の時に実行される処理}

である。条件式は比較演算，論理演算であり，その演算結果値により真，偽の二方向に分岐する。真のときは波括弧{}内の処理を実行し，偽のときは else のつぎの波括弧{}内の処理を実行する。例を**リスト 2-8**（ifelse1.php）に示す。

リスト 2-8　ifelse1.php

```
1  <?php
2  $i = 1;   // 変数 $i に初期値 1 を代入
3  if ($i==1)  //$i が 1 ならば，条件式の値は真
4  {print '$i is equal to 1<br>';} //$i は 1 に等しい。
5  else
6  {print '$i is not equal to 1<br>';}; //$i は 1 に等しくない。
7  ?>
```

2 行目の $i の初期値設定が 1 なので 3 行目の条件式は真になり，4 行目が実行され，5, 6 行目は実行されない。2 行目の $i の初期値設定を 2 にすれば（ifelse2.php に保存），3 行目の条件式は偽となり，4 行目はスキップされ，5, 6 行目が実行され

る。print 内のシングルクォートをダブルクォートにすると変数 $i が評価され，変数 $i の値が表示されてしまう。コメントを示す // の前に全角スペースを入れるとエラーになるので注意すること。

2.4.3　三項演算子による条件分岐

構文は

(条件式) ? 条件式が真のときに評価される式 : 条件式が偽のときに評価される式;

であり，項が三つあるから三項演算子である。演算子なので結果値を返す（if 文は値を返さない）。値が返るので**リスト 2-9** のように別の変数，この例の場合 3 行目で $x に結果値を代入することができ，4 行目の print により，$i is equal to 1 を表示できる。5〜6 行目は同じ処理を if〜else 文で記述している。

リスト 2-9　ifelse3.php

```
1  <?php
2  $i = 1;  // 変数 $i に初期値 1 を代入
3  $x = ($i==1) ? '$i is equal to 1' : '$i is not equal to 1' ;
4  print "$x<br>";
5  if ($i == 1) {print '$i is equal to 1<br>';}
6  else {print '$i is not equal to 1<br>';};
7  ?>
```

2.4.4　if〜elseif 文

分岐のための条件式が複数ある場合に使用する。**if〜elseif 文**の構文は

```
if (条件式 1) {条件式 1 の演算結果値が真のときに実行される処理}
   elseif (条件式 2) {条件式 2 の演算結果値が真のときに実行される処理}
   ----------
   elseif (条件式 N) {条件式 N の演算結果値が真のときに実行される処理}
   else {N 個の条件式すべての演算結果値が偽のときに実行される処理}
```

である。最後の else {N 個の条件式すべての演算結果値が偽のときに実行される処理} を省略したときには，*N* 個すべての条件式の演算結果値が偽の場合は，そのままなにもしないで，つぎの処理へ進む。

2.4.5　switch 文

変数の値によって多方向に分岐する場合に使用する。一方 if 文，if〜else 文，if

～elseif 文はY字路における二方向分岐である。変数の値の違いによる分岐方向が3以上の多方向分岐には switch 文が便利である。**switch 文**の構文は

```
switch(変数) {
case "値 1": 処理 1; break; // 変数の値が値 1 に一致したら処理 1 を実行
case "値 2": 処理 2; break; // 変数の値が値 2 に一致したら処理 2 を実行
---------------------
case "値 N": 処理 N; break; // 変数の値が値 N に一致したら処理 N を実行
default: デフォルト処理 ;
}
```

である。case と default はコロン : で終わる。break は必ず付ける。

switch 文の場合，例えば，変数が値 i に一致し，その直後の処理 i を実行してしまえば，残りの case の値一致処理を実行する必要はないので switch 文から脱出してよい，すなわち，switch 文を強制終了してよい。break は switch 文の強制終了指示である。break を付けないとつぎの case や default が実行されて無駄である。デフォルト処理というのは，変数の値が，値 1 から値 N までのどれにも一致しないときに実行される処理である。

2.5 繰 り 返 し 文

条件が成立している間，似たような処理を繰り返し実行するために**繰り返し文**がある。繰り返し文は**ループ文**ともいう。while 文，do～while 文，for 文，foreach 文について説明する。

2.5.1 while 文

while 文の構文は

```
while (条件式) 処理 1
```

である。条件式は比較演算，論理演算などである。まず条件式を評価し，真ならば処理 1 を実行し，そののち再び条件式を評価し，真ならば処理 1 を実行し，そののち再び --------- という具合に，条件式が偽になるまで，処理 1 の実行を繰り返す。条件式が偽になれば while 文は終了である。いずれ偽になるということは，条件式内の変数の値を処理 1 内において操作，変更するということである。最初の条件式の評価結果が偽ならば，処理 1 を 1 回も実行しないで終了する。処理 1 が複数の文

から構成される場合は，つぎのように処理全体を波括弧{と}で囲む。

```
while (条件式) {
処理 1;
処理 2;
------------
処理 N;
}
```

リスト 2-10 に例を示す。

リスト 2-10　while1.php

```
1  <?php
2  $i = 1; // 変数 $i に初期値 1 を代入
3  while
4  ($i<=2)
5  {print '$i='."$i<br>";
6  ++$i;};
7  ?>
```

```
$i=1
$i=2
```

図 2.1　while1.php の結果表示

ループ1回目：　4行目の条件式 $i<=2 の評価において $i の値は1だから結果値は真である。よって，{と}で囲まれた5～6行目の処理が実行される。まず $i の値を表示し，++$i で $i の値を1増加させる。++$i は $i=$i+1 あるいは $i+=1 としてもよい。

ループ2回目：　4行目の条件式の評価において $i の値は2になっているから 2<=2 の結果値は真であり，{と}で囲まれた5～6行目の処理が実行される。$i の値を表示し，++$i で $i の値を1増加させて3にする。

ループ3回目：　4行目の条件式の評価において $i の値は3，よって 3<=2 の結果値は偽であるから，{と}で囲まれた5～6行目の処理はスキップされ，while 文は終了する。実行結果としての表示を**図 2.1** に示す。

2.5.2　do～while　文

do～while 文の構文は

```
do {処理}
while (条件)
```

である。while 文との違いは，波括弧{と}で囲まれた処理をまずは1回実行してから条件式を評価することである。すなわち最低1回は処理を実行してしまい，そのつぎに条件式を評価する。条件式の結果値が真ならばさらに処理を実行し，再度条件式を評価する。条件式の結果値が偽ならば do～while 文の終了である。

リスト 2-11 において2行目の $i の初期値が1だからリスト 2-10 と出力は同じである（図 2.1）。しかし2行目の $i の初期値を3にすると（dowhile2.php に保存），$i=3 が表示される。一方リスト 2-10 の $i の初期値を3にすると（while2.php に保存），なにも表示されない。

リスト 2-11 dowhile1.php

```
1 <?php
2 $i = 1; // 初期値は 1
3 do
4 {print '$i='."$i<br>";
5 ++$i;}
6 while ($i<=2) ;
7 ?>
```

2.5.3 for 文

決めた回数だけ処理を繰り返したいときには for 文を使用する。**for 文**の構文は

for (初期値設定式; 条件式; 増減式) {処理}

である。繰り返しのための変数に初期値を設定し，条件式の結果値が真ならば処理を実行し，その後，繰り返しのための変数を増減式により増加あるいは減少させ，再度，条件式を評価する。条件式の結果値が偽になれば for 文は終了である。2回だけ繰り返す**リスト 2-12** の動きを見てみよう。

リスト 2-12 for1.php

```
1 <?php
2 for
3 ($i=1; $i<=2; ++$i)
4 {print '$i='."$i<br>";};
5 ?>
```

$i=1
$i=2

図 2.2 for1.php の結果表示

ループ1回目： 3行目で繰り返しのための変数 $i に初期値1を設定し，条件式 $i<=2 を評価する 1<=2 は真だから，{ と } で囲まれた4行目の処理を実行する。いま，$i の値は1だから $i=1 が表示され，改行される。つぎに3行目の増減式 ++$i により $i の値は1増加され2になる。3行目にある初期値の設定はループ1回目のみに実行する。

ループ2回目：　3行目の条件式 $i<=2 を評価すると 2<=2 は真だから，$i=2 が表示され，改行される。つぎに3行目の増減式 ++$i により $i の値は1増加され3になる。

ループ3回目：　3行目の条件式 $i<=2 を評価すると 3<=2 は偽だから for 文はここで終了する。

結果として**図 2.2** のように表示される。

2.5.4　foreach　文

foreach 文は，繰り返し数を指定せずに配列内の要素あるいは連想配列内の要素を最初から順に取り出し，最後の要素に至るまで繰り返し処理を実行する。構文は

foreach(配列 as 変数) {繰り返し処理}

である。変数には0番目の要素のデータから始まり，順に1番目の要素の値，2番目の要素の値，--------，最後の要素の値が繰り返しごとに順に入っていく。配列の例（2.2.6 項〔2〕）の山のデータを使用した例を**リスト 2-13** に示す。

ループ1回目：$v の値は配列 $mountains の0番目の要素の値 富士山 である。

ループ2回目：$v の値は1番目の要素の値 北岳 である。

ループ3回目：$v の値は2番目の要素の値 奥穂高岳 である。

ループ4回目：$v の値は3番目の要素の値 間ノ岳 である。

ループ5回目：$v の値は4番目の要素の値 槍ヶ岳 である。

ループ6回目：$v の値は5番目の要素の値 悪沢岳 である。

表示結果を**図 2.3** に示す。

リスト 2-13　foreach1.php

```
1  <?php
2  $mountains
3  = array(" 富士山 "," 北岳 "," 奥穂高岳 "," 間ノ岳 "," 槍ヶ岳 "," 悪沢岳 ");
4  foreach($mountains as $v)
5  {print "$v<br>";}; // 処理が一つだから { と } は省略してもよい。
6  ?>
```

```
富士山
北岳
奥穂高岳
間ノ岳
槍ヶ岳
悪沢岳
```

図 2.3　結　果

連想配列からキーとその値を順に取り出し，繰り返し処理する構文は

foreach(配列名 as キー名の変数 => 値の変数) {繰り返し処理}

である。キー名の変数は，連想配列のキー名を格納する変数であり，値の変数とい

うのは，そのキーに対応する値を格納する変数である。連想配列（2.2.7 項）で説明した $No1_Yama を使用した foreach2.php を**リスト 2-14** に示す。

ループ 1 回目：$k にはキー name が，$v には 富士山 が入っている。よって表示は name:富士山 であり，改行する。

ループ 2 回目：$k にはキー pref が，$v には 山梨県と静岡県 が入っている。よって表示は pref:山梨県と静岡県 であり，改行する。

ループ 3 回目：$k にはキー height が，$v には 3776m が入っている。よって表示は height:3776m であり，改行する。

リスト 2-14　foreach2.php

```
1  <?php
2  $No1_Yama
3  = array("name" => " 富士山 ",
4           "pref" => " 山梨県と静岡県 ",
5           "height" => "3776m");
6  foreach($No1_Yama as $k => $v)
7  { print "$k:$v<br>";};
8  ?>
```

```
name:富士山
pref:山梨県と静岡県
height:3776m
```

図 2.4　foreach2.php の結果表示

結果を**図 2.4** に示す。表示されるキーを英字ではなく，日本語文字にしたければ，例えば switch 文と組み合わせて**リスト 2-15** のようにする。表示結果を**図 2.5** に示す。

リスト 2-15　foreach3.php

```
1  <?php
2  $No1_Yama
3   = array("name" => " 富士山 ",
4            "pref" => " 山梨県と静岡県 ",
5            "height" => "3776m");
6  foreach($No1_Yama as $k => $v) {
7   switch ($k) {
8    case "name": $jk=" 山名 "; break; // ループ 1 回目で選択
9    case "pref": $jk=" 場所 "; break; // ループ 2 回目で選択
10   case "height": $jk=" 高さ "; break; // ループ 3 回目で選択
11   default: break;
12   }
13 print $jk." は "."$v<br>";
14 };
15 ?>
```

```
山名は富士山
場所は山梨県と静岡県
高さは 3776m
```

図 2.5　foreach3.php の結果表示

2.6　脱　　出　　文

2.6.1　break　　　文

2.5節で説明したwhile文，for文などにおいて，繰り返し処理実行中に，ある条件が成立したので繰り返し文自体から脱出したいとき，言葉を変えれば，繰り返し文自体を強制終了させたいときには，**break文**を使用する。

2.6.2　continue　　文

繰り返し文自体から脱出するのではなく，繰り返し処理において，ループN回目の処理を実行している途中で，ある条件が成立したので，残りの処理をスキップして，つぎのループ$N+1$回目に飛びたい場合がある。このようなループからの脱出には**continue文**を使用する。

2.7　関　　　　数

プログラムの一部を，関数という形でひとまとまりにして名前（関数名）を付けておくと，後から同じ処理をしたいときに，その関数名で呼び出すこと（関数呼出し）ができて便利である。

ユーザが新たに作成する関数をユーザ定義関数という。一方，あらかじめ定義されている関数を定義済み関数といい，ユーザはそれを使用できる。

2.7.1　ユーザ定義関数

〔1〕 **構　　　文**　　**ユーザ定義関数**を定義する構文は

```
function 関数名 () {
処理文 1;
処理文 2;
--------
処理文 N;
}
```

である。関数名は半角英数字とアンダースコアからなる。ただし先頭文字に数字は使用できない。関数名に予約語（巻末付録のA.6節）を使用することはできない。

〔2〕**引　　数**　関数を呼び出すとき，処理のために必要なデータをその関数に渡したい場合がある。このデータを格納する変数のことを**引数**（ひきすう）という。この場合の構文は

```
function 関数名 (引数) {
処理文 1;
処理文 2;
--------
処理文 N;
}
```

となる。関数を呼び出すときは，引数としての変数に前もって値を入れておく必要がある。複数の引数を指定したいときは，引数と引数をカンマ , で区切ればよい。この関数の処理に入り，そして終了したとき，すなわちこの関数処理を抜けたとき，これらの引数の値は関数処理に入る直前の値に戻る。

引数には前もって値を渡してもよいが，デフォルト値を設定することもできる。その場合は，関数定義における関数名(引数) を関数名(引数 = デフォルト値) とし，関数呼出しにおいては関数名() のように引数を記述しなくてもよい。引数をとらない場合でも丸括弧 ( ) は必ず付けなければならない。丸括弧 ( ) 内に引数を記述したときはその引数の値が優先され，デフォルト値は無視される。

〔3〕**返 り 値**　関数呼出しの結果として値を受け取りたいときは，以下のように return により**返り値**を指定する。

```
function 関数名 (引数) {
処理文 1;
処理文 2;
--------
処理文 N;
return 返り値のための変数;
}
```

返り値のための変数には，処理文 1～処理文 N の実行過程において値が代入されている（そのようにプログラムを記述する）。そして return によりその値が返される。この場合，その関数を呼び出すのは返り値がほしいわけで，受け取る必要がある。返された値を受け取るためにはプログラム内で例えば

```
$x= 値;  // 引数としての変数 $x に関数に渡す値を代入
$y= 関数名($x);  // 変数 $y に返り値が代入される
```

のようにする。

なお，返り値のための変数には複数の変数を指定することはできないので，複数の値を返したいときには，例えば array() 関数を使用し

```
return array(変数 1, 変数 2, ------- , 変数 N);
```

のようにする。

2.7.2 定義済み関数

PHP には多くの**定義済み関数**がある。日付，時刻を返り値とする関数を紹介する。これらは本書のプログラム内で使用する。

〔1〕 **time() 関数**　time() 関数は UNIX タイムスタンプを返り値とする。UNIX タイムスタンプとは，1970 年 1 月 1 日午前 0 時 0 分 0 秒（グリニッジ標準時）からの経過秒数である。time() 関数を実行すると，1970 年 1 月 1 日午前 0 時 0 分 0 秒から time() 関数実行の瞬間までの経過秒数が返り値となる。引数なしの関数である。日本標準時などタイムゾーンをあらかじめ指定しておく必要がある。

php.ini におけるタイムゾーン指定は巻末付録の A.4 節に記載した。php.ini が修正できないときは，プログラム内で，例えば

```
date_default_timezone_set('Asia/Tokyo');
```

とし，日付や時間に関する関数のタイムゾーンを日本標準時にする。

〔2〕 **date() 関数**　UNIX タイムスタンプから日付時刻曜日などを求めるときに使用する。返り値は文字列である。date() 関数の構文は

```
date(第一引数 , 第二引数)
```

である。第一引数は文字列であり，返り値として得たい日付・時刻情報により，**表 2.8** のような各種の日付・時刻などを指定する書式文字を入れる。第二引数にはタイムゾーンにおける UNIX タイムスタンプを指定する。

date() 関数の第二引数を省略した場合は，指定されたタイムゾーンの現在時刻が指定されたものとみなされる。現在時刻の UNIX タイムスタンプを変数 $timestamp に格納したければ $timestamp=$time(); のようにする。

date() 関数の例を**リスト 2-16** に示す。見やすくするための
 が入っている。

表 2.8　書式文字列と日付・時刻情報

書式文字	意味と日付・時刻データ	返り値としての文字列の例
Y	年。数字 4 文字	1950 とか 2016 とか
F	英語の月。フルスペルの月名	January～December
m	月。数字 2 文字	01～12
M	月。英字 3 文字	Jan～Dec
n	月。数字。先頭にゼロなし	1～12
d	日。数字 2 文字	01～31
j	日。先頭にゼロなし	1～31
D	曜日。英字 3 文字	Mon～Sun
l	曜日。小文字エル。 英語のフルスペルの曜日	Sunday～Saturday
N	曜日。数字 1 文字	1～7　（1 が月曜，7 が日曜）
w	曜日。数字 1 文字	0～6　（0 が日曜，6 が土曜）
a	午前午後	am あるいは pm　（小文字）
A	午前午後	AM あるいは PM　（大文字）
g	時。12 時間表示	1～12
G	時。24 時間表示	0～23
h	時。数字 2 文字。12 時間表示	01～12
H	時。数字 2 文字。24 時間表示	00～23
i	分。数字 2 文字	00～59
s	秒。数字 2 文字	00～59
r	RFC 2822 形式の日付と時刻表示	〔例〕 Thu, 14 Apr 2015 16:01:07+0800 ここで +0800 は，グリニッジ標準時との時差が 8 時間であること示す。

リスト 2-16　date1.php

```
1  <?php
2  print date("l")."<br>";
3  // 結果は，例えば Monday のようになる。第 2 引数を与えないと現在時刻になる。
4  print date("D, d M Y H:i:s")."<br>";
5  // 結果は，例えば Mon, 29 Jun 2015 17:37:29　のようになる。
6  print date("l jS F Y h:i:s A")."<br>";
7  // 結果は，例えば Monday 29th June 2015 05:37:29 PM のようになる。
8  print date("r")."<br>";
9  // 結果は，例えば Mon, 29 Jun 2015 17:37:29 +0900 のようになる。
10 ?>
```

日本語の日曜日～土曜日を表示したければ**リスト 2-17** のようにする。

date2.php を実行すると例えば 2015 年 10 月 26 日月曜日 13 時 11 分 のように表示される。

リスト 2-17　date2.php

```
1  <?php
2  $week[0] = " 日 ";
3  $week[1] = " 月 ";
4  $week[2] = " 火 ";
5  $week[3] = " 水 ";
6  $week[4] = " 木 ";
7  $week[5] = " 金 ";
8  $week[6] = " 土 ";
9  $timestamp=time(); // 現在時刻のタイムスタンプ取得
10 print date("Y 年 m 月 j 日 ", $timestamp). $week[date("w", $timestamp)]." 曜日 ";
11 print date("H 時 i 分 ", $timestamp)."<br>";
12 ?>
```

2.8　変数のスコープ

引数としての変数は関数処理を抜け出たら，関数に渡される直前の元々の値に戻る。また，関数内で使用する変数は，その関数処理を抜け出たら（関数外では），その変数の関数内での値を参照することはできない。逆に，関数外で定義された変数は，関数内から参照，代入することはできるのだろうか？このような，どこからどこまでがその**変数の有効範囲**（**変数のスコープ**）なのかを理解しておくことが，プログラムを記述するときには重要である。

変数にはローカル変数，グローバル変数，スーパーグローバル変数がある。

2.8.1　ローカル変数

ローカル変数は関数内やクラス（2.9.2 項）のメソッド内をスコープとする変数である。関数外と関数内では見えている状況が違うことの例を**リスト 2-18** に示す。この例ではユーザ定義関数 user() を定義している。関数内の変数はローカル変数であり，その変更は関数外に影響を及ぼさないし，関数外からは見えない。

リスト 2-18 scope1.php

```
1  <?php
2  $x=1;
3  $y=2;
4  $z=user($x); //user() 関数の実行。実行結果として $z には返り値 2 が代入される。
5  print "$z<br>"; //2 が表示される。
6  print "$x<br>"; //$x の値は関数実行直前の値 1 が表示される。関数内の変更は影響なし。
7  // 以下はユーザ定義関数 user() の定義
8  function user($x) {
9  // 関数内から関数外の $y は参照，代入できない。例えばここに $k=$y+1; を置くとエラー。
10 $x=$x+1; // 関数内の $x の変化 (値が 2 になった) は関数外には影響を与えない。
11 return $x;
12 };
13 ?>
```

2.8.2 グローバル変数

グローバル変数は関数外もスコープとする変数である。関数内で関数外の変数を参照，代入したいときには **global 宣言**をし，グローバル変数にする。例を**リスト 2-19** に示す。

リスト 2-19 scope2.php

```
1  <?php
2  $x=1;
3  $y=2;
4  $z=user($x);  //user() 関数実行。実行結果として $z には返り値 2 が代入される。
5  print "$z<br>";
6  print "$x<br>";
7  //$x の値は関数実行直前の 1。関数内ローカル変数の変化は関数外に影響なし。
8  print "$y<br>"; //$y の値は関数内の処理により 3 になっている。
9  // 以下はユーザ定義関数 user() の定義
10 function user($x) {
11 global $y; // 関数外の $y を参照，代入できるようにする。
12 $y=$x+$y;
13 //$y はグローバル変数となったので，その変化 (値が 3 になった) は関数外からも見える。
14 $x=$x+1;
15 return $x;
16 };
17 ?>
```

2.8.3 スーパーグローバル変数

スーパーグローバル変数とは PHP プログラムのあらゆる場所を有効範囲（ス

コープ）とするグローバル変数であり，定義済みの変数である。global 宣言をしないで，PHP プログラムのあらゆる場所から参照できる。具体的なスーパーグローバル変数については，以降，出現したところで適宜，説明する。

2.9　オブジェクト指向

PHP を用いてアプリケーションを作成するためには，PHP のオブジェクト指向関連機能を理解する必要がある。理由はつぎのようである。

（1）以前は mysql_connect() 関数といった MYSQL 関数を用いて，データベースにアクセスした。この関数は頭に mysql とあるように使用するデータベースを MySQL に限定しており，他のデータベース，例えば，PostgreSQL にアクセスするためには，PHP プログラム内の mysql_ 関数を，すべて pg_ 関数に書き換える必要がある。オブジェクト指向を使用すると，関数名は同じでもその実装をオブジェクト内部で変更することにより，データベースの変更に対応することが可能になる。

（2）PHP5 以降はオブジェクト指向の PDO（PHP Data Object）が推奨され，PHP5.5.0 以降，MYSQL 関数は非推奨となった。

2.9.1　カプセル化

オブジェクト指向の英訳は，Object Oriented である。Oriented の意味には「指向」もあるが，この場合においては「主体」「主導」という訳のほうが適切である。なぜかというと，この場合の Oriented は，オブジェクトを指向している，オブジェクトを目指しているという意味ではなく，オブジェクトが主体である，オブジェクトが主導主体であるという意味だからである。

Object Oriented では，オブジェクトが中心にあり，オブジェクト内部に変数が隠されており，変数にオブジェクト外から直接，アクセスすることはできない（**図 2.6**）。これを**カプセル化**といい，カプセルに開いた窓を通してしか変数にアクセスできない。そしてこの窓はメソッドあるいは関数に対してのみ開いている。つまり，定義されているメソッドを利用しないと，変数にアクセスできない。よってオブジェクトの外から，メソッド呼出しを実行しないで，変数を具体的に知る（値を知る），具体的に操作する（変数の値を変更する）ことはできないので，カプセル

図 2.6 カプセル化と窓

化することを**抽象化**という。

このようにオブジェクト主体という意味だが，オブジェクト指向という和訳が一般的になっているので本書でも，オブジェクト指向という訳語を使用する。

2.9.2 ク　ラ　ス

オブジェクト指向における**クラス**とは，「たい焼き型」である。「たい焼き型」を使用して，たい焼きを焼く（作成する）ように，クラスを使用して**オブジェクト**（**インスタンス**）を作成する（**図 2.7**）。クラス定義の構文は

```
class クラス名{
アクセス修飾子 変数;
メソッド定義
}
```

である。クラス名には PHP の予約語（巻末付録の A.6 節）以外の文字列を使用する。変数は $ で始まる変数名であり，**メンバー変数**あるいは**プロパティ**と呼ばれる。本書では 1 章の CSS プロパティと紛らわしいのでメンバー変数ということにする。

アクセス修飾子はメソッドやメンバー変数へのアクセス権を指定する（**表 2.9**）。

例として，クラス Person を作成する。メソッド定義は後から定義する。

```
class Person{
protected $familyname, $firstname;
メソッド定義
}
```

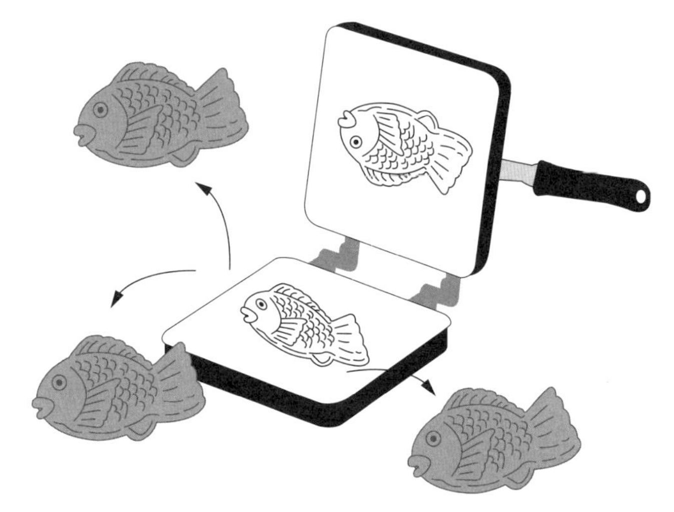

図 2.7　たい焼き型とたい焼き

表 2.9　アクセス修飾子

アクセス修飾子	アクセス権
private	クラス定義内からのみアクセス可
protected	クラス定義内とそのクラスを継承するクラス定義内からアクセス可
public	クラス定義内と外部からもアクセス可

2.9.3 メソッド

図 2.6 で示したカプセル化されたオブジェクト内のメンバー変数にアクセスできるのは，カプセルに開いた窓を通してのみであり，この役目を担っているのが，**メソッド**である。前記の Person クラスのメンバー変数 $familyname，$firstname にアクセスし，各種の処理（値の変更など）をするためにはメソッドを定義する必要がある。メソッド定義の構文は

```
アクセス修飾子　function メソッド名(){
各種の処理;
return 返り値;　　　// 返り値が必要なときのみ，これを記述する。
}
```

である。アクセス修飾子は表 2.9 に示した。アクセス修飾子を省略すると public 指定をしたことになる。

前述の Person クラスにおいて，メンバー変数にアクセスするメソッド定義は

```
public function familynameset ($name) {$this->familyname=$name;}
public function firstnameset ($name) {$this->firstname=$name;}
```

となる。-> は**アロー演算子**と呼ばれ，メソッド呼出しやメンバー変数にアクセスするときに使用する。この場合はメンバー変数へのアクセスである。

$this-> は「このクラスのオブジェクトの」という意味である。いま，クラスは Person だから，$this->familyname=$name; は Person クラスのオブジェクトのメンバー変数 $familyname に $name の値を代入する，という意味である。ここでメンバー変数 $familyname の最初の文字 $ を取ることに注意する。

名と姓を結合し，フルネームを返すメソッド定義を以下に記述する。

```
public function fullname(){
 $fullname = "$this->familyname"."$this->firstname";
 return $fullname;
}
```

文字列連結演算子も用いている。これらのメソッド定義を Person クラス定義に入れた personclass1.php を**リスト 2-20** に示す。

リスト 2-20　personclass1.php

```
1  <?php
2  class Person{
3  protected $familyname,$firstname;
4  public function familynameset ($name){$this->familyname=$name;}
5  public function firstnameset($name){$this->firstname=$name;}
6  public function fullname(){
7   $fullname = "$this->familyname"."$this->firstname";
8   return $fullname;}
9  };
10 ?>
```

2.9.4　オブジェクト（インスタンス）

たい焼きを食べるには，「たい焼き型」を用いてたい焼きを作らねばならない。クラスは「たい焼き型」で，「たい焼き型からたい焼きを作る」に相当するのが「クラスからオブジェクトを生成する」である。つまりクラスが「たい焼き型」，オブジェクトが「たい焼き」である。オブジェクトのことをインスタンスということも多い。オブジェクト生成の構文は

変数= new クラス名();

である。「たい焼き型」から焼き作られた「たい焼き」に相当するオブジェクトは左辺の変数内に保存される。この変数をオブジェクト変数という。例えば，Personクラスのオブジェクトを生成し，それをオブジェクト変数 $obj1 に格納するには

$obj1 = new Person();

とする。

いま，顧客として姓が青木，名が一郎をオブジェクト変数 $obj1 に登録したいとする。まず Person クラスのメソッド familynameset("青木") を呼び出し，カプセルに開いた窓経由で，$obj1 の内部に隠れているメンバー変数 $familyname にアクセスし，姓 "青木" を代入する。

$obj1 -> familynameset("青木");

のように記述する。メンバー変数アクセス時に使用したアロー演算子 -> をメソッド呼出し時にも使用する。

$familyname のアクセス修飾子は protected だから

$obj1 -> familyname="青木";

のようにメソッドを使用しないで，外部から直接メンバー変数にアクセスするとエラーとなる。名 "一郎" の登録は

$obj1 -> firstnameset("一郎");

とする。フルネーム 青木一郎 を表示する personobj1.php を**リスト 2-21** に示す。

リスト 2-21　personobj1.php

```
1  <?php
2  $obj1 = new Person();
3  $obj1 -> familynameset(" 青木 ");
4  $obj1 -> firstnameset(" 一郎 ");
5  print $obj1 -> fullname();print "<br>";
6  class Person{
7    protected $familyname,$firstname;
8    public function familynameset($name){$this->familyname=$name;}
9    public function firstnameset($name){$this->firstname=$name;}
10   public function fullname(){
11     $fullname = "$this->familyname"."$this->firstname";
12     return $fullname;}
13 };
14 ?>
```

クラス定義の位置はオブジェクト生成の後ろでもよい。5行目のprint文内の

```
$obj1 -> fullname();
```

により$obj1に対してPersonクラスのメソッドfullname()を呼び出し，返り値としてフルネームを得る。personobj1.phpを実行すると 青木一郎 と表示される。

2.9.5 クラスの継承

オブジェクト指向においては，あるクラスを親とする子供クラスを生成することができる。その場合，子供クラスは親クラスのメンバー変数，メソッドを受け継ぐことができる。これをクラスの**継承**（**インヘリタンス**）という。子供クラスのことを**サブクラス**，親クラスのことを**スーパークラス**という。構文は

```
class 子供クラス名 extends 親クラス名{
  メンバー変数やメソッドの定義;
}
```

である。例としてPersonクラスの子供クラスである顧客クラスGuestを定義する（**リスト2-22**の18〜28行目）。新たなメンバー変数$discountと新たなメソッドdcountset()とdiscountrate()が定義されている。

リスト2-22 guestobj1.php

```
1  <?php
2  $obj2 = new Guest();
3  $obj2 -> familynameset(" 通販 ");
4  $obj2 -> firstnameset(" 好子 ");
5  $obj2 -> dcountset(0.1);
6  $obj2 -> discountrate();
7  class Person{
8    protected $familyname,$firstname;
9    public function familynameset($name){
10     $this->familyname=$name;}
11   public function firstnameset($name){
12     $this->firstname=$name;}
13   public function fullname(){
14     $fullname =
15       "$this->familyname"."$this->firstname";
16     return $fullname;}
17 };
18 class Guest extends Person{
19   protected $discount;
20   public function dcountset($dcount){
21     $this->discount = $dcount;}
22   public function discountrate(){
23     print $this -> familyname;
24     print $this -> firstname;
25     print "<br> 割引率は ";
26     print $this->discount * 100;
27     print "%です <br>";}
28 };
29 ?>
```

メソッドdcountset()（20〜21行目）は，Guestクラスにおいて定義されたアクセス修飾子がprotectedの割引率を示すメンバー変数$discountに，割引率を代入する。

メソッド dicountrate()（22～27 行目）の 23～24 行目において，親クラスのメンバー変数 $familyname と $firstname のアクセス修飾子は protected だから，子クラスの Guest クラス定義内から

```
$this -> familyname;
$this -> firstname;
```

のようにしてアクセスできる。もし 8 行目の $familyname と $firstname のアクセス修飾子が private だったならば，継承関係にあるとしても Guest クラスは Person クラスの外なので，アクセスエラーとなる。26 行目の 100 を掛ける演算で％表示を計算している。

Guest クラスのオブジェクトとして 通販好子 さんを生成し，オブジェクト変数 $obj2 に保存するにはまず

```
$obj2 = new Guest();
```

とする（2 行目）。Guest クラスは Person クラスのメソッドを継承できるから，Guest クラス内に姓，名を登録するメソッドや，フルネームを生成するためのメソッドを定義する必要はない。親クラスの Person クラスのメソッドを使えばよい。

Guest クラスのオブジェクトである通販好子さんの姓名の登録は Person クラス定義内で定義されたメソッド（9～12 行目）を使用し

```
$obj2 -> familynameset("通販");
$obj2 -> firstnameset("好子");
```

とする（3, 4 行目）。通販好子さんの割引率，例えば 0.1 をメンバー変数 $dicount に代入するには 20～21 行目の Guest クラスのメソッドを使用し

```
$obj2 ->dcountset(0.1);
```

とする（5 行目）。姓名と割引率のパーセント表示は

```
$obj2 -> discountrate();
```

とすればよい（6 行目）。リスト 2-22 を実行すると

```
通販好子
割引率は 10％です
```

と表示される。リスト 2-22 の 2 行目から 6 行目を

```
$obj1 = new Person();
$obj1 -> familynameset("青木");
$obj1 -> firstnameset("一郎");
$obj1 -> dcountset(0.2);
```

```
$obj1 -> discountrate();
```

と変更し（guestobj2.php に保存），実行すると，「Person クラスの未定義の dcountset() メソッドを呼び出した」というエラーメッセージが表示される。dcountset() メソッドは Guest クラスで定義されているので，親クラスの Person クラスでは使用することはできないからである。

2.9.6 require 文と include 文

別ファイルで定義したクラス定義，メソッド定義，あるいはユーザ定義関数などを使用したいときには **require 文**あるいは **include 文**を使用する。リスト 2-22 のクラス定義，メソッド定義を抜き出したファイルを pgclass1.php とする（**リスト 2-23**）。

リスト 2-23 pgclass1.php

```
1  <?php
2  class Person{
3    protected $familyname,$firstname;
4    public function familynameset($name){
5      $this->familyname=$name;}
6    public function firstnameset($name){
7      $this->firstname=$name;}
8    public function fullname(){
9      $fullname =
10       "$this->familyname"."$this->firstname";
11     return $fullname;}
12 };
13 class Guest extends Person{
14   protected $discount;
15   public function dcountset($dcount){
16     $this->discount = $dcount;}
17   public function discountrate(){
18     print $this -> familyname;
19     print $this -> firstname;
20     print "<br> 割引率は ";
21     print $this->discount * 100;
22     print "% です <br>";}
23 };
24 ?>
```

リスト 2-24 pgobj1.php

```
1  <?php
2  require_once "pgclass1.php";
3  $obj1 = new Person();
4  $obj1 -> familynameset(" 青木 ");
5  $obj1 -> firstnameset(" 一郎 ");
6  print $obj1 -> fullname();
7  print "<br>";
8  $obj2 = new Guest();
9  $obj2 -> familynameset(" 通販 ");
10 $obj2 -> firstnameset(" 好子 ");
11 $obj2 -> dcountset(0.1);
12 $obj2 -> discountrate();
13 ?>
```

文例としては

```
require_once "pgclass1.php";
include_once "pgclass1.php";
```

とする。あるいは

```
require_once ("pgclass1.php");
include_once ("pgclass1.php");
```

としてもよい（違いは括弧の有無）。

require_once は該当するファイルがない場合など，エラーが起こるとプログラム実行は停止する。include_once はエラー生起時，警告を出し，プログラム実行を続行する。これらをプログラムの冒頭で宣言すると，該当するファイルが一度だけ読み込まれる。すでに読み込まれていた場合は，再度読込みはしない。一方，require "pgclass1.php"; あるいは include "pgclass1.php"; とすると再読込みし，再実行できる。

Person クラスとそのサブクラスの Guest クラスの定義を格納した pgclass1.php を require_once するプログラムを**リスト 2-24** に示す。2 行目で Person クラス定義とそのメソッド，Guest クラス定義とそのメソッドを格納した pgclass1.php を読み込んでいる。こうしておけば，Person クラス定義とそのメソッド，Guest クラス定義とそのメソッドを使用できる。pgobj1.php を実行すれば

```
青木一郎
通販好子
割引率は 10%です
```

と表示される。

2.10　クライアントとサーバの通信

Web ショップにおける**クライアント**（ブラウザ側，HTML）と**サーバ**（PHP）の通信ステップ，そしてサーバと 3 章で説明するデータベース（MySQL）との通信ステップはつぎのようになる。

ステップ 1：　ブラウザ上の Web ショップページ（クライアント）において，お客さま（ユーザ）が，氏名，ID，パスワード，住所，注文などをフォームに入力し，サーバに送信する（1 章を参照）。

ステップ 2：　送信データをサーバが受信し，処理する。

ステップ 3：　会員登録処理，ログイン処理，注文処理などは，サーバがデータベースと通信し処理する。

ステップ 4：　サーバが処理結果（登録できたとかできないとか，注文を受け付

けたとか，在庫がないのでダメとか）をクライアントに送信し，クライアントがそれを受信し，ブラウザ表示される。

PHP の学習の最後として，ステップ 2 とステップ 4 について説明する。データベース処理を伴うステップ 3 は，3 章 MySQL を学んだ後の 4 章 ショップ開設 にて説明する。セキュリティに関する配慮は基本的なことしかしていないので，localhost において実行してほしい。

2.10.1 フォームからの送信とスーパーグローバル変数による受信

1 章の新規会員登録フォームを例にとる。まず 1 章で作成済みの HTML ファイル registration1.html を C:¥xampp¥htdocs¥webshop フォルダにコピーする。以降，1 章で作成済みのファイルを使用するときはこの webshop フォルダにコピーする。編集あるいは新規に作成したファイルもこの webshop フォルダに保存する。

registration1.html（リスト 1-56）と registration_sample.html（リスト 1-49）などを適宜参照し，以降のプログラムを修正あるいは作成する。まず registration1.html の 24 行目の action 属性の "データ送信先 URL" を "registration_handling1.php" とし，上書きする。これから作成する registration_handling1.php がデータを受信する。registration1.html の 25, 26, 27, 29 行目の name 属性値が guestname, guestpw, mail_ad, prefecture であることを確認する。これらは registration_handling1.php においてデータを正しく受信するための送受信データ識別名である。**リスト 2-25** にサーバの registration_handling1.php を示すので作成し，保存する。

ブラウザの URL 欄に http://localhost/webshop/registration1.html と入力し，Enter キーを押下すると，1 章の図 1.56 の上下に図 1.60 のヘッダー部分（主要ナ

リスト 2-25 registration_handling1.php

```
   省略。index1.html の 1 行目から 10 行目と同じ。
11 <h1> ようこそショップ古炉奈へ </h1>
12 <?php
13 print "<p>";
14 print htmlspecialchars($_POST["prefecture"], ENT_QUOTES,"UTF-8");
15 print " の ";
16 print htmlspecialchars($_POST["guestname"], ENT_QUOTES,"UTF-8");
17 print " 様、会員登録ありがとうございます。</p>";
18 ?>
19 <p> あなたの生活を豊かにする何かが見つかる店です。</p>
   省略。index1.html の 13 行目から最後の行までと同じ。
```

ビゲーション）とフッター部分が入った新規会員登録画面が表示される。お客さま氏名欄に青木一郎，パスワード欄は空欄（処理法は4章），電子メールアドレスは空欄[†]，ご住所は東京都を選択し，登録ボタンを選択（左クリック）すると，これら入力データがクライアントからサーバに送信される。このとき，パスワードを保存するか，というメッセージが表示されたら，[--- しない] を選択する。サーバではデータ送信先 URL に指定した registration_handling1.php が起動され，処理が開始される（XAMPP を起動しておくこと）。

registration_handling1.php（リスト 2-25）の 14 行目のスーパーグローバル変数 $_POST["prefecture"] の送受信データ識別名 prefecture と，registration1.html の 29 行目のフォーム（プルダウンメニュー）の name 属性値の送受信データ識別名 prefecture が一致するので，送信データである東京都をスーパーグローバル変数 $_POST で受信できる。

registration_handling1.php の 16 行目の $_POST["guestname"] の送受信データ識別名 guestname と，registration1.html の 25 行目の name 属性値の送受信データ識別名 guestname が一致するので，送信データ 青木一郎 をスーパーグローバル変数 $_POST で受信できる。14 行目と 16 行目の htmlspecialchars() 関数はセキュリティのためのフィルタである（2.10.3 項）。

受信データ（住所とお客さま氏名）を registration_handling1.php の 14 行目と 16 行目で p 要素に挿入した結果，13～17 行目の print によりクライアントへ返信される HTML の body 要素は <p>東京都の青木一郎様，会員登録ありがとうございます。</p> となり，それががヘッダー部に追加された店舗トップページがクライアントのブラウザに表示される（**図 2.8** ヘッダー部のみ）。

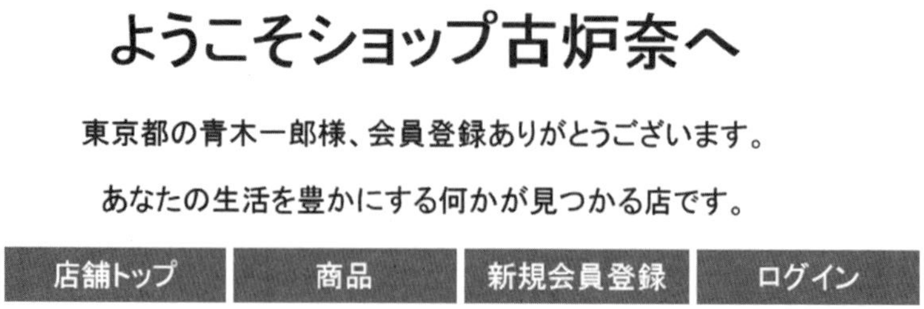

ようこそショップ古炉奈へ

東京都の青木一郎様、会員登録ありがとうございます。

あなたの生活を豊かにする何かが見つかる店です。

店舗トップ　商品　新規会員登録　ログイン

図 2.8　サーバからの返信データのクライアント表示（ヘッダー部のみ）

---

† 4章でデータベース登録はするが，実際の電子メール送信は本書ではしない。

本書の環境では，クライアントとサーバは読者の同じパソコン上にあるので，あまり実感はわかないかもしれないが，クライアントで入力されたデータがサーバに送信され，サーバがそれを処理し（この例では，お客さま氏名と都道府県名を受信し，それに，「様」とか「会員登録ありがとうございます。」といった文字列を付加），その結果のHTMLをクライアントに返信し，クライアントがそれを受信し，表示している。

2.10.2 get 通信と post 通信

registration1.html の 24 行目で method 属性値 post を指定し，サーバの registration_handling1.php ではスーパーグローバル変数 $_POST で受信した。method 属性には get を指定することもできる（デフォルトは get）。get の場合はスーパーグローバル変数 $_GET で受信する。get と post について説明する。

〔1〕 **get** registration1.html の 24 行目の method 属性値を post から get に変更し，同じく 24 行目の action 属性値を r_handling_get1.php にし，r_get1.html に保存する。get で送信されたデータはスーパーグローバル変数 $_GET に格納されるから，registration_handling1.php の 14 行目と 16 行目の $_POST を $_GET に変更し r_handling_get1.php に保存する。r_get1.html を実行し，お客さま氏名欄に ABC，パスワード欄に 123，電子メールアドレスは空欄，ご住所は東京都を選択し，登録ボタンを選択してデータ送信後，URL 欄を見ると

```
http://localhost/webshop/r_handling_get1.php?guestname=ABC&guestpw=123&mail_ad=&prefecture=%E6%9D%B1%E4%BA%AC%E9%83%BD
```

となっており，URL のつぎの？の後において氏名とパスワードが見えてしまっている。日本語文字列は URL に使用できないので，東京都は %E6%9D%B1%E4%BA%AC%E9%83%BD という URL に使用できる文字列に変換されている。この部分は **URL エンコード**といわれ，urldecode() 関数を使用し

```
<?php print urldecode("%E6%9D%B1%E4%BA%AC%E9%83%BD"); ?>
```

とすれば，元の日本語文字列に戻され東京都が表示される。ブラウザによっては（例えば Safari，Google Chrome），URL エンコード化された文字列でなく，日本語文字列が表示される。これは，そのブラウザが URL エンコード化された文字列を再度日本語文字列に変換してから URL 欄に表示しているからである。

get では URL の直後にフォームの送信データ，この例では送受信データ識別名

guestname とその値 ABC などが続いたものが送信される。get は，URL をブックマークに保存できるなどの便利さはあるが，URL の後に送信データが付随するため，送信データが見えてしまうという欠点がある。また get は送信できるデータ長に制約があり，あまりに長いデータは送信できない。get は，見えてもよい，短いデータ長のデータ送信に使用する。

〔2〕　**post**　　post を採用した registration1.html では URL 欄には http://localhost/webshop/registration_handling1.php のみで，それ以外の識別名などの送信データは見えない。そのためパスワード登録などの漏えいしては困る情報送信には post を使用する。またサーバのデータの追加・変更・削除の処理にも post が使用される。

$_GET も $_POST も連想配列であり，添字で送受信データ識別名を指定する。例では，$_POST["prefecture"]，$_POST["guestname"] としてデータを受信した。

2.10.3　htmlspecialchars() 関数

フォームからの悪意のある入力，うっかり入力，例えば，HTML や 3 章で説明する SQL 文などが混入した場合の対策が必要である。

フォーム内に混入したタグを受信したサーバが対策をとらず，そのままクライアントに返信するとクライアントは HTML タグとして解釈，実行してしまう。そこで混入した HTML タグを無効化するために **htmlspecialchars() 関数**が使用される。

htmlspecialchars() 関数は文字列に，例えば開始タグ < が混入していた場合，それを < に変換し < を単なる文字として表示するだけで，HTML タグとして解釈されないように，すなわち HTML タグとしては機能しないように無効化する。変換可能な文字と変換後の文字を**表 2.10** に示す。

htmlspecialchars() 関数は htmlspecialchars(第一引数 , 第二引数 , 第三引数) であ

表 2.10　特殊文字の変換

変換可能文字	変換後文字
&	&
"	"
'	'
<	<
>	>

り，第一引数には変数を指定する。この変数には処理する文字列が格納されている。第二引数にはENT_QUOTESを指定し，シングルクォート ' とダブルクォート " を無効化する。ENT_QUOTESは定義済み定数で，値は整数3である。第三引数には文字コードを指定する。本書では，"UTF-8" を指定する。htmlspecialchars() 関数は，第一引数の変数に配列をとることができない。一方，クライアントから複数データを送信したいとき（例えばリストボックスで複数データを選択し，送信したいとき）は配列で送信する。そのためのhtmlspecialchars() 関数の改造（ユーザ定義関数の定義）は4.4.2項にて述べる。

2.10.4　スクリプトインジェクション

htmlspecialchars() 関数を使用しない場合の危険性の一つである**スクリプトインジェクション**について説明する。クライアントが悪意ある文字列を送信して，画面を真っ赤にすることができる。**リスト2-26**のscript_injection.htmlと**リスト2-27**のscript_injection.phpをwebshopフォルダに置き，script_injection.htmlを実行する。表示されたテキストフィールドに文字列

```
<body style="background-color: red;">
```

を入力し，送信ボタンを選択する。サーバのscript_injection.php（リスト2-27）は送信された文字列をそのままクライアントに返信する。クライアントのブラウザ全面が赤くなる。

リスト2-27をhtmlspecialchars() 関数を用いて**リスト2-28**のように改良し，

リスト2-26　script_injection.html

```
1  <!DOCTYPE html>
2  <html lang="ja">
3  <head>
4  <meta charset="utf-8">
5  <title> スクリプトインジェクション </title>
6  </head>
7  <body>
8  <form action="script_injection.php" method= "post">
9   <input type = "text" name="name">
10  <input type = "submit" value = " 送信 ">
11 </form>
12 </body>
13 </html>
```

リスト2-27　script_injection.php

```
1  <?php
2  print $_POST["name"];
3  ?>
```

リスト 2-28　htmlspecialchars() 関数によるインジェクション防止

```
1  <?php
2  print htmlspecialchars($_POST["name"],ENT_QUOTES,"UTF-8");
3  ?>
```

HTML タグを無効化すれば，画面に <body style="background-color: red;"> と表示されるだけである。

2.11 クッキー

クッキー（cookie）を用いてクライアントとサーバの間でデータを送受することができる。クッキーはサーバによって生成され，クライアントに送信され，クライアントに保存される。そしてクライアントがサーバにアクセスするたびにサーバに送信される。よって，サーバはクッキーを用いて各種のクライアント情報を得ることができ，例えば，そのクライアントが何回 Web ショップにアクセスしたかなどをサーバで計算できる。クライアントはクッキーの保存を拒否する設定もできるが，以降の学習に支障があるので，クッキーを受け入れる設定にする。

2.11.1 setcookie() 関数

サーバで setcookie() 関数を実行することによりクッキーをクライアントに送信し，クライアントはそのクッキーを保存する（クッキーを食べるという表現をすることもある）。**setcookie() 関数**の構文は

```
setcookie("クッキー名", 保存する値, 有効期限)
```

である。setcookie() 関数の実行に成功すると TRUE，失敗すると FALSE が返る。有効期限には UNIX タイムスタンプを入れる。time() を使用し，例えば 24 時間後の時刻ならば time()+60*60*24，30 日後の時刻ならば time()+60*60*24*30 とする。

setcookie() 関数はサーバの PHP プログラム冒頭で実行し，クッキーをクライアントに送信する。クライアントにデータを送信し，表示させる PHP プログラムの場合，それ以前に setcookie() 関数を実行する必要がある。

過去の時刻を指定するとそのクッキーは削除される。よって，time()+60*60*24*365 とするつもりで，うっかり time()+ を書き忘れ，

```
setcookie("クッキー名","保存する値",60*60*24*365);
```

とすると，60*60*24*365は過去のUNIXタイムスタンプだから，そのクッキー名と値は削除されてしまう。サーバでのクッキーの設定は，例えば

```
setcookie("visit", 1, time()+60*60*2);
```

のようにする。これは2時間有効なクッキーの設定である。これを実行すると，クッキー名visitとその値1がクッキーに保存される。クッキーは，スーパーグローバル変数$_COOKIEに格納される。$_COOKIEはクッキー名をキーとする連想配列であるから，保存されたクッキー名の値を表示させるには

```
print $_COOKIE["visit"];
```

を実行する。結果としてこの場合，設定した1が表示される。クッキーの有効期間は2時間に設定したから，2時間経てば，このクッキーは削除されてしまう。

2.11.2　クッキー使用例

ログイン処理を記述する。login1.htmlの23行目の<form method="post" action="データ送信先URL">のデータ送信先URLをlogin_handling1_cookie.php（**リスト2-29**）にし，17行目のlogin1.htmlをlogin1_cookie.htmlにし，login1_cookie.htmlに保存する。ログイン時にユーザがフォームに入力したお客さまIDとパスワードをクライアント（login1_cookie.html）が送信し，データ送信先URLに指定した

リスト2-29　login_handling1_cookie.php

```
   省略。リスト1-51（index1.html）の9行目までと同じ。
10 <header>
11 <h1> ようこそショップ古炉奈へ </h1>
12 <?php
13 $guestid=htmlspecialchars($_POST["guestid"],ENT_QUOTES,"UTF-8");
14 if (!isset($_COOKIE["login"])) {
15  setcookie("login",1,time()+60*60*2);
16  print "<p>".$guestid." 様、最初のログインです。</p>";
17 }
18 else {
19  $count = $_COOKIE["login"]+1;
20  setcookie("login", $count, time()+60*60*2);
21  print "<p>".$guestid." 様、".$count." 回目のログインです。</p>";
22 };
23 ?>
24 <p> あなたの生活を豊かにする何かが見つかる店です。</p>
   省略。リスト1-51の13行目から最後までと同じ。ただし，30行目を
30 <li><a href="login1_cookie.html"> ログイン </a></li>
   にする。
```

サーバ（login_handling1_cookie.php）が受信する。サーバはクッキーを使用してログインの回数を計算し，クライアントに返信する。

リスト 2-29 の 14 行目の isset() 関数は引数である変数，この場合 $_COOKIE["login"] を評価し値が設定されていれば TRUE，値が設定されていなければ FALSE を返す。最初のログイン時はまだ $_COOKIE["login"] に値 1 は設定されていないから返り値は FALSE である。isset() の頭に付いている！は否定演算子であるから，最初のログイン時には 14 行目の if〜else 文の条件式 !isset($_COOKIE["login"]) は TRUE となり，15 行目が実行され，クッキー名 login に値 1 と有効期間 2 時間が設定され，クライアントにそのクッキーが送信され，クライアントに保存される。

URL 欄から login1_cookie.html を実行し，ログインフォームのお客さま ID に適当な整数，例えば 1，パスワードになにも入れないで（パスワード処理は 4 章），ログインボタンを選択すると，**図 2.9** のように，ヘッダー部に [1 様，最初のログインです。] と表示された店舗トップページが表示される。

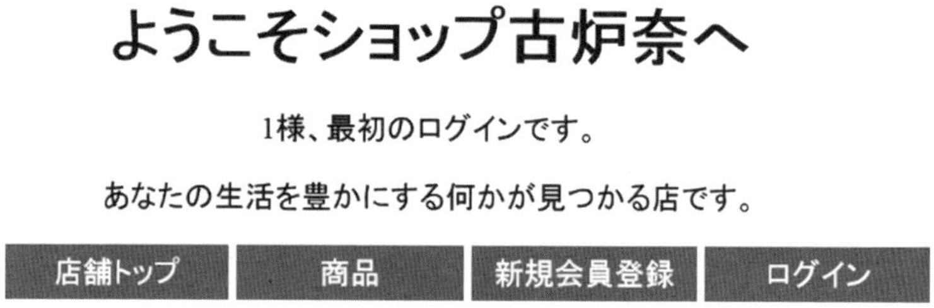

ようこそショップ古炉奈へ

1様、最初のログインです。

あなたの生活を豊かにする何かが見つかる店です。

店舗トップ	商品	新規会員登録	ログイン

図 2.9 ログイン後の店舗トップのヘッダー部

ここで，再度ログインページを選択し，お客さま ID 1 で再度ログインすると，今回はリスト 2-29 の 14 行目の isset() 関数の返り値は TRUE，よって否定演算子！により FALSE となるので，条件式は FALSE となり，18 行目の else に飛ぶ。19 行目において $_COOKIE["login"] の値を取り出して 1 を足し（2 回目のログインでは 1+1 で 2 になる），その値を変数 $count に格納するとともに，20 行目の setcookie() 関数により $_COOKIE["login"] にも格納し，有効期限を延長する。21 行目でログイン回数を表示する。2 回目のログイン時は，「最初のログインです。」の部分が「2 回目のログインです。」となる。さらにログインを続けると，回数が増加していく。ログアウトについては 2.13.6 項で説明する。

リスト 2-29 の 13 行目の htmlspecialchars() 関数により，クライアントから入力された guestid のエスケープ処理をしてから $guestid に格納しているので，16 行目，21 行目のサーバからクライアントへの $guestid の出力（print）には htmlspecialchars() 関数を適用していない。攻撃を防御するには出力内容を確実にエスケープ処理することが重要であり，出力する内容に関しては確実に htmlspecialchas() 関数を通しておく必要がある。

2.12　Web はステートレス

Web 上のサーバは多数のクライアントを相手にしなければならないからサーバの負担を軽くする必要がある。このためサーバはクライアントからの要求（リクエスト）を受け付け，それに対して返信（レスポンス）してしまうと，サーバはそのクライアントとのやり取りの状態を忘れてしまう（記録しない）。これを**ステートレス**（状態なし）といい，Web が採用している HTTP 通信の特徴である。

しかしクライアントは通常，Web サイトにログイン（サーバにログインリクエストを送信し，そのレスポンスを受信）してから，複数回サーバとリクエスト＆レスポンスを繰り返した後にログアウト（これもリクエスト＆レスポンス）する。Web ショップにおいても，クライアントは Web ショップの店舗トップページに最初にアクセスし，つづいて同じサイト内の別のページ，例えば商品ページに飛び，商品ページで商品を購入すると店舗トップページに飛ぶ。さらにキャンペーンページに飛び，再び店舗トップページに戻ったりする。この一連の流れを**セッション**といい，ステートレスだから，クライアントはアクセスのたびにサーバに必要な状態情報を毎回送信しなければならない。

サーバが多数のクライアントからの毎回送信を受信し，同一のクライアントからのアクセスを識別するための仕組みを**セッション管理**という。

2.13　セ ッ シ ョ ン

2.13.1　セッション ID

クライアントによる最初のページ訪問，あるいはログインなどによりセッションが開始されると，サーバはクライアントに対して**セッション ID** を発行し，かつサーバで保存する。一方，クライアントもこのセッション ID を保存し，別ページに移動してもこのセッションIDを保持し続ける。サーバは，同一セッションIDを保持しているクライアントは同一クライアントであると識別する。これを活用しクライアントは各種情報を複数回のサーバアクセスにおいて持ち回ることができる。

2.13.2　セッション開始

サーバはsession_start()関数を実行することによりセッションを開始する。正常開始ならTRUEが，異常ならばFALSEが返る。session_start()関数によりPHPSESSIDという名前のクッキーが生成され，その値とともにクライアントに送信される。PHPSESSIDを**セッション名**という。PHPSESSIDの値がセッションIDであり，ユニークな値をsession_start()関数が自動生成する。サーバからクライアントに送信されたクッキーPHPSESSIDはクライアントに保存されるが，セッションIDはサーバにも保存される。セッションIDをクライアントとサーバの両方で保持することにより，同一のクライアントかどうかを判定する。なお，クライアントにデータを送信し，表示させる場合は，それ以前にサーバはsession_start()関数を実行する必要がある。

session_start()関数は乱数生成器などを用いてセッションIDを自動生成している。もしセッションIDを特定することができれば他のクライアントになりすまし，セッションを乗っ取ること，すなわちセッションハイジャックが可能となる。解読攻撃により，セッションIDが特定されてしまう可能性がゼロというわけではないので，より高度な防御を学習する必要がある。

2.13.3　スーパーグローバル変数 $_SESSION

スーパーグローバル変数$_SESSIONは連想配列であり，その中にセッションに関するデータを格納し，ページを移動するときに，データを持ち回ることができる。連想配列である$_SESSIONにデータを格納するには，

```
$_SESSION["キー"] = "値";
```

とする。$_SESSIONのキーをセッション変数という。例えば

```
$_SESSION["name"] = "青木一郎";
```

とすれば，$_SESSIONのセッション変数nameに 青木一郎 という値が格納され，他のページに移動してもこのデータを利用することができる。つまり異なるページアクセスにおいて，$_SESSIONのセッション変数を持ち回ることができる。

2.13.4 セッション継続

すでにセッションが開始されていた場合に，サーバが session_start() 関数を実行すると，その開始されていたセッションのセッション ID を取得でき，そのセッションに復帰できる。同一セッションとして扱いたいページでは PHP プログラムの先頭で session_start() 関数を実行し，同一セッションに復帰・再開する。

2.13.5 セッション利用例

セッション開始と継続と $_SESSION とを用いて，ログイン直後にセッションを開始し，その後のページ閲覧回数を表示させてみる。

リスト 2-29（login_handling1_cookie.php）にセッション ID を取り入れ，編集し，login_handling1.php（**リスト 2-30**）に保存する。login1.html の 23 行目の action

リスト 2-30　login_handling1.php

```
   省略。リスト 2-29 login_handling1_cookie.php の 11 行目までと同じ。
12 <?php
13 $guestid=htmlspecialchars($_POST["guestid"], ENT_QUOTES,"UTF-8");
14 session_start();
15 $_SESSION["id"] = $guestid;
16 if (!isset($_COOKIE["login"])){
17 setcookie("login",1,time()+60*60*2);
18  print "<p>".$guestid." 様、最初のログインです。</p>";
19  print "<p>".session_name()." は ". session_id()." です。</p>";
20 }
21 else {
22  $count = $_COOKIE["login"]+1;
23  setcookie("login",$count,time()+60*60*2);
24  print "<p>".$guestid." 様、".$count." 回目のログインです。</p>";
25  print "<p>".session_name()." は ". session_id()."</p>";
26 };
27 $_SESSION["visit"]=0;
28 ?>
29 <p> あなたの生活を豊かにする何かが見つかる店です。</p>
30 <nav id="global_nav">
31 <ul>
32 <li><a href="shop_index1.php"> 店舗トップ </a></li>
33 <li><a href="shop_product1.php"> 商品 </a></li>
34 <li><a href="shop_registration1.php"> 新規会員登録 </a></li>
35 <li><a href="shop_login1.php"> ログイン </a></li>
36 <li><a href="logout_handling2.php"> ログアウト </a></li>
37 </ul>
   省略。リスト 2-29 login_handling1_cookie.php の 32 行目から最後まで
```

属性値 データ送信先 URL を login_handling1.php に変更し，login1.html に上書きする。

〔1〕 **session_name() 関数と session_id() 関数**　session_name() 関数は現在のセッション名を返り値とする。デフォルトの返り値は PHPSESSID である。session_id() 関数は現在のセッション ID を返り値とする。リスト 2-30 の 19 行目と 25 行目で PHPSESSID とセッション ID をブラウザ表示させる。これは読者が PHPSESSID とその値であるセッション ID を確認するために入れてある。

〔2〕 **ページ閲覧回数**　リスト 2-30 の 23 行目で login クッキーの新しい値を格納するとともに，有効期限をさらに 2 時間延長し，27 行目の $_SESSION["visit"]=0; によりセッション変数 visit に初期値 0 を設定している。

セッション変数 visit に閲覧回数を計算（プラス 1 する）するために，index1.html，product1.html，registration1.html，login1.html を**リスト 2-31** のように変更し，shop_index1.php，shop_product1.php，shop_registration1.php，shop_login1.php に保存する。11 行目の h1 要素も適宜変更してある。

リスト 2-31　shop_～1.php

```
   省略。index1.html の 9 行目までと同じ。ただし，タイトルは異なる。
10 <header>
11 <h1> ようこそショップ古炉奈へ </h1>
12 <?php
13 session_start();
14 $count = $_COOKIE["login"];
15 $vcount =++$_SESSION["visit"];
16 print "<p>".$_SESSION["id"]." 様、".$count." 回目のログイン後、".$vcount." 回目のペ
17 ージ閲覧です。</p>";
18 print "<p>".session_name()." は ". session_id()."</p>";
19 ?>
20 <p> あなたの生活を豊かにする何かが見つかる店です。</p>
21 <nav id="global_nav">
22 <ul>
23 <li><a href="shop_index1.php"> 店舗トップ </a></li>
24 <li><a href="shop_product1.php"> 商品 </a></li>
25 <li><a href="shop_registration1.php"> 新規会員登録 </a></li>
26 <li><a href="shop_login1.php"> ログイン </a></li>
27 <li><a href="logout_handling2.php"> ログアウト </a></li>
28 </ul>
   省略。リスト 1-51 index1.html の 20 行目 </nav> から最後までと同じ。
```

shop_〜1.php の 13 行目の session_start(); でセッションを継続している。15 行目で持ち回った $_SESSION のセッション変数 visit の値を取り出し，その visit の値を +1 するとともに $vcount に代入している。

login_handling1.php の 32〜35 行目の飛び先ファイル名もこれらに対応し，すでに shop_〜1.php となっている。36 行目の logout_handling2.php はまだ作成していない。よってまだログインすることしかできないのでログイン回数は増加し続ける。

URL 欄から index1.html を実行し，ログインページに移動し，お客さま ID に適当な整数，例えば 1，パスワードになにも入れないで（パスワード処理は 4 章），ログインボタンを選択すると，**図 2.10** のように，ヘッダー部に「1 様，最初のログインです。」と表示された店舗トップページが表示される。

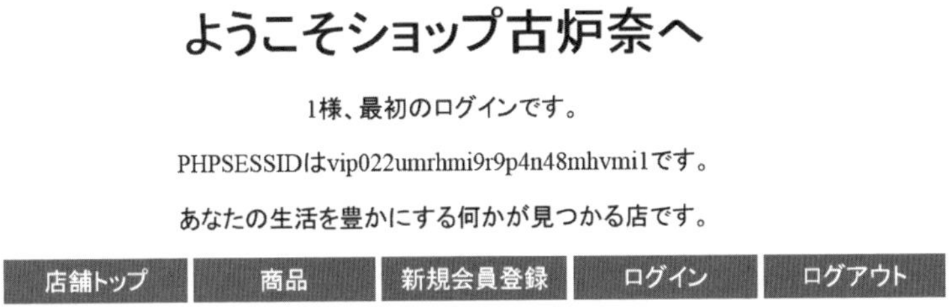

図 2.10　ページ閲覧回数の表示

ログイン後，店舗トップから主要ナビゲーションのどれか別のページ，例えば商品ページに飛ぶと，**図 2.11** が表示される。ログイン後の 1 回目の閲覧となっている。さらに主要ナビゲーションからページに飛ぶと閲覧回数が増加し，2 回目のページ閲覧と表示される。このとき，PHPSESSID は同じであることが確認できる。

図 2.11　ログイン後，1 回目のページ閲覧

2.13.6　セッション終了とログアウト処理

ブラウザを閉じてもセッションは終了していない。セッションを終了するには，以下の三つの処理をする必要がある。

ステップ1：　session_destroy() 関数を以下のように引数なしで実行する。

```
session_destroy();
```

これによりサーバのセッション ID と関連するデータが破棄される。

ステップ2：　クライアントでセッション ID は生きているので，$_SESSION を以下のように要素数 0 の配列として初期化し，セッション変数をクリアする。

```
$_SESSION = array();
```

ステップ3：　クライアントのクッキー PHPSESSID を以下のように削除する。

```
setcookie("PHPSESSID", "", time() - 1000, "/");
```

setcookie() 関数の第三引数に過去の時刻，第四引数に "/" を指定し，クッキー PHPSESSID を削除する。"/" はすべての場所（パス）にあるクッキー名 PHPSESSID に対して，この setcookie() 関数を有効にする。

これらを用いてログアウト処理を作成する。logout_handling2.php を**リスト 2-32** に示す。ログイン回数のカウント処理はもうしないので，login クッキーは存在しない。よって login クッキー削除のための setcookie() 関数はない。

リスト 2-32　logout_handling2.php

```
   省略。index1.html の 9 行目までと同じ。ただし，タイトルはログアウト処理にする。
10 <header>
11 <h1> ようこそショップ古炉奈へ </h1>
12 <?php
13 session_start();
14 $guestid=$_SESSION["id"];
15 session_destroy();
16 $_SESSION=array();
17 setcookie("PHPSESSID","",time()-1000,"/");
18 print "<p>".$guestid." 様、ログアウトしました。ご来店ありがとうございました。</p>";
19 print_r ($_SESSION);
20 print "<br>".$_COOKIE["PHPSESSID"];
21 ?>
22 <p> あなたの生活を豊かにする何かが見つかる店です。</p>
23 <nav id="global_nav">
24 <ul>
25 <li><a href="index2.html"> 店舗トップ </a></li>
26 <li><a href="product2.html"> 商品 </a></li>
27 <li><a href="registration2.html"> 新規会員登録 </a></li>
28 <li><a href="login2.html"> ログイン </a></li>
29 </ul>
   省略。index1.html の 20 行目から最後までと同じ。
```

リスト 2-32 の 19 行目の print_r() 関数は変数の情報，この場合なら配列 $_SESSION の有無を知るための関数であり，$_SESSION は存在しないので array() が返る。しかしつぎの 20 行目の $_COOKIE["PHPSESSID"] は表示され，クッキー PHPSESSID が削除されていないように見える。これは 13 行目の session_start() 関数実行時にクライアントからすでに $_COOKIE["PHPSESSID"] を受信しているからであり，別のページに飛び，そこで

```
<?php
session_start();
print "<p>".$_COOKIE["PHPSESSID"]."</p>";
?>
```

を実行すると

```
Notice: Undefined index: PHPSESSID in C:¥xampp¥htdocs¥ -----
```

という表示が出て，このクッキーはすでに削除されていることを確認できる。

クッキーを生成する setcookie() 関数の引数には，本書では説明しなかった第五引数以降もあり，各種の属性を指定することができる。クッキー生成時の属性の指定によっては，セッション ID が漏えいする可能性がある。これらの属性を指定するときには細心の注意が必要である。

ログイン回数のカウント処理はしないので，login_handling1.php を**リスト 2-33** のように変更し，login_handling2.php に保存する。

login クッキーはないので，リスト 2-31 の shop_index1.php，shop_product1.php，shop_registration1.php，shop_login1.php の 14 行目の $count = $_COOKIE["login"]; を削除し，16～17 行目を

```
print "<p>".$_SESSION["id"]." 様、ログイン後 ".$vcount." 回目のページ閲覧です。</p>";
```

にし，20～26 行目付近の 1 を 2 に変更し，それぞれ shop_～2.php に保存する。

さらに以下のように変更する。

1) index1.html，product1.html，registration1.html，login1.html 内の 14～18 行目付近の 1 を 2 に変更し，それぞれ～2.html に保存する。

2) login2.html の 23 行目の 1 を 2 に変更し，上書きする。

3) shop_login2.php の 30 行目の 1 を 2 に変更し，上書きする。

ドキュメントルートから index2.html を実行し，ログインし，各ページに移動し，移動するたびに閲覧回数が増加すること，ログアウトが可能であることを確認できる。

リスト 2-33　login_handling2.php

```
   省略。リスト 2-29（login_handling1_cookie.php）の 11 行目までと同じ。
12 <?php
13 $guestid=htmlspecialchars($_POST["guestid"], ENT_QUOTES,"UTF-8");
14 session_start();
15 if (isset($_SESSION["visit"])){
16 $vcount =++$_SESSION["visit"];
17 print "<p>".$_SESSION["id"]." 様、ログイン後 ".$vcount." 回目のページ閲覧です。</p>";
18 }
19 else{
20 $_SESSION["id"] = $guestid;
21 $_SESSION["visit"]=0;
22 print "<p>".$guestid." 様、ログインしました。</p>";
23 print "<p>".session_name()." は ". session_id()." です。</p>";
24 };
25 ?>
26 <p> あなたの生活を豊かにする何かが見つかる店です。</p>
27 <nav id="global_nav">
28 <ul>
29 <li><a href="shop_index2.php"> 店舗トップ </a><li>
30 <li><a href="shop_product2.php"> 商品 </a><li>
31 <li><a href="shop_regist ration2.php"> 新規会員登録 </a><li>
32 <li><a href="shop_login2.php"> ログイン </a><li>
   省略。リスト 2-30（login_handling1.php）の 36 行目から最後まで
```

3章 MySQL

本章では，Webショップのデータベース管理を担う**MySQL**によるデータベース構築について解説する。そのためにまず基本となるリレーショナルデータベースとそれによるデータベース設計について説明し，その後，MySQLを用いたWebショップのデータベース構築について説明する。

3.1 リレーショナルデータベース

1970年にIBMに勤務していた英国人Edgar F. Cod（1923年～2003年）により提案されたリレーショナルモデルに基づく**リレーショナルデータベース**の基本について解説する。データベースという用語は，「1950年頃に米国国防総省が各地に分散している大量の（紙の）資料を一元的効率的に管理するために，一箇所に集めた。つまり資料（データ）を一つの基地（ベース）に集めた」ということを起源とする。現在では大量データは紙ではなく，コンピュータ上の電子データである。データベースを管理するシステムを**データベース管理システム**という。

3.1.1 Webショップのデータベース

リレーショナルモデルでは，あるものとあるものの関係（リレーション）を基本としてデータベースを構築する。例えば，顧客氏名青木さんが2016年4月4日に注文したのはイスで，そのイスの単価は8000円であるとか，顧客氏名青木さんの住所は東京都文京区千石で，その誕生日は1975年1月1日である，といった関係である。

本節ではWebショップにおける商品データベース，顧客データベース，注文データベースを主なデータベース例として取り上げる。

商品データベースを構成する要素は，商品ID，商品名，単価，商品倉庫，倉庫住所，在庫数などである。一方，顧客データベースを構成する要素は，顧客ID，姓，名，住所，郵便番号，誕生日などである。注文データベースを構成する要素は，注文年月日，顧客ID，商品ID，数量などである。

顧客からの新規会員登録があれば，顧客データベースに顧客ID，姓，名，住所，郵便番号，誕生日などの顧客情報を追加する。顧客から注文があれば，商品データベースを調べ，在庫があれば注文を受け付けるとともに，商品データベースの在庫数を減じ，注文データベースに注文年月日，顧客ID，顧客氏名，商品ID，商品名，数量などの情報を追加する。なお，正規形の説明の過程で，倉庫データベースが追加されることになる。以降，データベースを適宜，DBと略記する。

3.1.2 表（テーブル）

リレーショナルデータベースではDB内のリレーション（関係）を表（テーブル）の形式で表現する。顧客DBは**表3.1**のような表形式で表現できる。ここでは，同じ顧客が同一年月日に同じ商品を複数回注文することはない，一つの商品名に対して複数種類の商品が存在しないものとする。例えば，イスには高価なイスと廉価なイスがあるようなことは，とりあえずはないとしておく（このような場合の対応については3.1.3項で説明する）。なお，表3.1の顧客IDが0001の青木と0002の青木は同姓の別人である。

表3.1「顧　　客」

顧客ID	氏名	住所	注文日	商品名
0001	青木	東京都	20160105	バイオリン
0001	青木	東京都	20160105	イス
0001	青木	東京都	20160404	イス
0002	青木	東京都	20160105	ジョウロ
0003	伊藤	千葉県	20160204	イス
0004	小野	栃木県	20160303	ギター
0005	内田	埼玉県	20160528	テーブル

テーブルの名前を**表名**，**テーブル名**，あるいは**リレーション名**という。表3.1では「顧客」が表名であり，表「顧客」あるいはリレーション「顧客」のように表現する。表のある列（縦方向）全体に付けられた名前を**属性名**（**カラム名**）という。表3.1では，顧客ID，氏名，住所，注文日，商品名が属性名であり，各属性の具

体的データを**属性値**（**インスタンス**）という。表3.1では，例えば，0001，青木，東京都，20160105，バイオリンがその属性値である。ここで

顧客 (顧客 ID，氏名，住所，注文日，商品名)

を**リレーションスキーマ**という[†]。リレーショナルDBを構築するためには，リレーションスキーマを決め，属性値を入力していく必要がある。一方，表の横方向の一列を**行**あるいは**タプル**という。

3.1.3 第 1 正 規 形

表3.1の1行目のタプルと2行目のタプルを合体させ，**表3.2**のようにすることはできない。

表3.2　非正規形「顧客」

顧客ID	氏名	住所	注文日	商品名
0001	青木	東京都	20160105	（バイオリン，イス）
0001	青木	東京都	20160404	イス
0002	青木	東京都	20160105	ジョウロ
以下，表3.1と同じ				

なぜならば，タプルの要素は，単純でなければならなく，ここで（バイオリン，イス）は二つの商品の集合となっていて，単純ではないからである。すなわち，タプルの要素として集合をとることはできない。また，商品名の中に（商品ID，商品名）といった構造体を**表3.3**のように入力することもできない。

表3.3　非正規形「顧客」

顧客ID	氏名	住所	注文日	商品名
0001	青木	東京都	20160105	（IV001，バイオリン）
0001	青木	東京都	20160105	（FC001，イス）
0001	青木	東京都	20160404	（FC001，イス）
0002	青木	東京都	20160105	（GJ001，ジョウロ）
0003	伊藤	千葉県	20160204	（FC001，イス）
0004	小野	栃木県	20160303	（IG001，ギター）
0005	内田	埼玉県	20160528	（FT001，テーブル）

[†] 正確にはドメインを指定するが，ここでは省略する。

タプルの要素は，単純でなければならないので集合も構造体も許されない。タプルの要素が単純でない形式を**非正規形**といい，それを単純な形式にすることを**正規化**といい，このように正規化されたリレーショナルモデルを**第1正規形**という。

表3.2，表3.3を正規化するためには，**表3.4**のようにバイオリンとイスを異なるタプルに分離し，属性：商品名を，属性：商品IDと属性：商品名の二つにする†。

表3.4 第1正規形「顧客」

顧客ID	氏名	住所	注文日	商品ID	商品名
0001	青木	東京都	20160105	IV001	バイオリン
0001	青木	東京都	20160105	FC001	イス
0001	青木	東京都	20160404	FC001	イス
0002	青木	東京都	20160105	GJ001	ジョウロ
0003	伊藤	千葉県	20160204	FC001	イス
0004	小野	栃木県	20160303	IG001	ギター
0005	内田	埼玉県	20160528	FT001	テーブル

表3.4のように属性：商品IDを導入しておけば，これが単価の異なるイス，単価の異なるバイオリンなどを入れるための布石となる。**表3.5**に単価などを入れた「顧客」を示す。2種類のイスがあり，単価が異なり，これを商品IDで区別している。

表3.5 「顧　　客」

顧客ID	氏名	住所	郵便番号	注文日	商品ID	商品名	単価	数量
0001	青木	東京都	1130033	20160105	IV001	バイオリン	100000	1
0001	青木	東京都	1130033	20160105	FC001	イス	8000	4
0001	青木	東京都	1130033	20160404	FC001	イス	8000	2
0002	青木	東京都	1130033	20160105	GJ001	ジョウロ	2000	2
0003	伊藤	千葉県	2880012	20160204	FC002	イス	50000	2
0004	小野	栃木県	3211102	20160303	IG001	ギター	5000	1
0005	内田	埼玉県	3570063	20160528	FT001	テーブル	150000	1

† 以降，属性名，属性値を表記する際，コロン：を使用して，属性：属性名，属性名：属性値のように表記して，わかりやすくしている。

3.1.4 主キー（プライマリーキー）

表3.5の特定のタプルを指定（ユニークなタプル同定，一意のタプル同定）するために，例えば，氏名：青木を指定するとしよう。この場合，青木は，バイオリン，イス，ジョウロを注文しているし，同姓の青木もいるので，氏名だけでは，どのタプルかを特定できない。また顧客IDのみでは，顧客ID：0001は，バイオリンとイスを注文しているので，顧客IDだけでも特定のタプルを指定することはできない。

表3.5において特定のタプルを指定するためには，顧客IDと注文日と商品IDの組で指定する必要がある。このように特定のタプルを指定できる属性（この場合ならば属性の組）を**候補キー**と呼ぶ。表3.5の場合のように複数の属性の組からなる候補キーを**複合キー**という。

ここで，主キーの説明をするための暫定的な表「商品」を**表3.6**に示す。ここにおいてリレーションスキーマは，商品(商品ID，商品名，単価，倉庫名，倉庫住所，在庫数)である。

表3.6「商　　品」

商品ID	商品名	単価	倉庫名	倉庫住所	在庫数
IV001	バイオリン	100000	楽器	大阪府	3
IG001	ギター	5000	楽器	大阪府	5
FC001	イス	8000	家具	京都府	7
FT001	テーブル	150000	家具	京都府	2
GJ001	ジョウロ	3000	庭用品	千葉県	13

表3.6においては，商品IDのみで特定タプルを指定できるので，商品IDは候補キーである。さらに商品名も特定タプルを指定できるので，商品名も候補キーである。候補キーが複数ある場合は，そのうちの一つを**主キー**（**プライマリーキー**）に指定する。主キーでない候補キーを**代理キー**という。候補キーが一つの場合は，それが主キーとなる。

なお，表3.6に別のもっと高価なイス，例えば（商品ID：FC002，商品名：イス，単価：50000，倉庫名：家具倉庫，倉庫住所：京都府，在庫数：3）が追加されると（**表3.7**），商品IDは候補キーであるが，商品名は候補キーではなくなる。主キー以外の属性を**非キー属性**という。リレーションスキーマにおいて，主キーとな

表3.7「商　品」

<u>商品ID</u>	商品名	単価	倉庫名	倉庫住所	在庫数
IV001	バイオリン	100000	楽器倉庫	大阪府	3
IG001	ギター	5000	楽器倉庫	大阪府	5
FC001	イス	8000	家具倉庫	京都府	7
FC002	イス	50000	家具倉庫	京都府	3
FT001	テーブル	150000	家具倉庫	京都府	2
GJ001	ジョウロ	2000	庭用品倉庫	千葉県	13

る属性を明示するために，その属性に下線を引く（表3.7）。

3.1.5　キ　ー　制　約

主キーとなるためには

(1)　主キーは特定タプルを指定できなければならない。

(2)　主キーの属性値は**空値**（くうち）（null value，単に **NULL**）であってはならない。

という二つの制約を満たす必要があり，これら二つの制約を**キー制約**という。表3.7「商品」において，商品IDを付与されていない商品がもしあったとしたら，その商品の商品IDは空値，すなわち定まっていない値となってしまうので，商品IDは主キーになることはできない。言葉を変えれば，候補キーの中から主キーを選択するときには，そのタプルにおいて必ず値が付与される属性を選択する必要がある。見方を変えれば，リレーションスキーマを決定していくときには，属性値がつねに空値にならない，かつユニークな値をとる属性，例えば，顧客IDとか商品IDとかを入れる必要がある。よって，表（リレーション）に新たなタプルが追加されるとき，DB管理システムは，そのタプルの主キーの値が空値でないことをチェックする。主キー以外の属性においては空値の入力は許される。例えば，表3.4において，主キーを，顧客IDと注文日と商品IDの複合キーとしたとき，内田の住所が不明の場合には住所は主キーではないので，住所に空値を入れておくことができる。また，表3.7において，主キーを商品IDとしたとき，商品ID：FC002のイスの単価がまだ決まってないときには，単価は主キーではないので，その値として空値を入れることができる。

表における空値の目に見える表現は，空欄でもハイフンでもよいが，実際にメモリ内に格納される値としては，他の文字や数値とは異なる値が格納される。そうでないと，たまたま表内でハイフンが入力されることがあると，空値と区別できないからである。空値は比較演算，四則演算など演算の対象にならない。例えば，空値に数値を足し算するということはできない。

3.1.6 外部キー

表「注文」（未作成である）における商品IDは，それを手掛りにして表「商品」における商品IDにアクセスでき，商品に関連する商品情報（倉庫住所，在庫数など）を参照することができる。このような属性を**外部キー**という。外部キーの値は，アクセス先の表（リレーション）における主キーの値として存在している必要がある。これを**外部キー制約**という。外部キーによって，他の表（の主キー）とのつながりを実現している。

3.1.7 表操作

表の操作としては，タプルの検索，挿入，削除，変更がある。例えば，**表3.8**に対して，単価5万円以上の買い物をした顧客の検索の結果は再び表となり，**表3.9**となる。このとき，検索対象の表を**実リレーション**，操作（この場合は検索操作）の結果として得られる表を**結果リレーション**あるいは**導出リレーション**という。結果リレーションを**ビュー**という。具体的な操作（リレーショナル代数の操作）については3.3節以降において詳しく説明する。

表3.8　「注文と商品」

注文月日	氏名	商品名	単価	数量
20160105	青木	バイオリン	100000	1
20160105	青木	ジョウロ	2000	1
20160105	伊藤	イス	50000	1
20160204	内田	イス	8000	2
20160506	小野	イス	50000	1

表3.9　「高額注文」

注文年月日	氏名	商品名	単価	数量
20160105	青木	バイオリン	100000	1
20160105	伊藤	イス	50000	1
20160506	小野	イス	50000	1

3.1.8　第1正規形における異常

第1正規形においては不都合が生じる場合がある。表3.5の表「顧客」を例にとる。この表において表3.1と同じ仮定をおく。同一顧客は同一日に同一商品を1回しか注文しないという仮定である。

第1正規形における不都合を**更新時異常**といい，ここでは変更時異常と削除時異常について説明する。これ以外に，主キーの値を空値にしてタプルを挿入しようとしたときに起こる**挿入時異常**があるが，これはキー制約に抵触するので，DB管理システムがチェックしてくれる。

〔1〕 **変更時異常**　表3.5において，主キーは，{顧客ID，注文日，商品ID}である。この表において商品ID：FC001の単価を変更したいとき，一つのタプルの属性　単価の値を変更するだけでは不十分であり，商品IDがFC001である複数のタプルの変更をしなければならない。これを**変更時異常**という。

〔2〕 **削除時異常**　表3.5の{0005　内田　埼玉県　3570063　20160528　FT001　テーブル　150000　1}の注文がキャンセルになった場合，このタプルを削除してしまうと，商品名テーブルとその単価の情報が消失してしまう。そうかといって，{空値　空値　空値　空値　空値　FT001　150000　空値}を追加しようと思っても，顧客IDと注文日は主キーであるから，キー制約（主キーの値は空値であってはならない）に抵触し，DB管理システムによって，はじかれてしまう。これを**削除時異常**という。

このような異常，砕けた言い方で表現すると，うれしくない不都合が起こらないようにした表が第2正規形である。

3.1.9　関　数　従　属

第1正規形の更新時異常を定式化するために**関数従属**について説明する。

ある属性Aの値が決まると，属性Bの値が決まるとき，属性Bは属性Aに関数従属するという。このとき，属性Aを**決定項**あるいは**決定子**，属性Bを**従属項**あるいは**被決定子**といい，A→Bと表記する。A, Bは複数の属性の集合であってもよい。

表3.5においては，例えば，顧客ID，注文日，商品IDが決まると，住所が決まる。すなわち{顧客ID，注文日，商品ID}→住所であるから，{顧客ID，注文日，商品ID}が決定項，住所が従属項である。

決定項が複数の属性の集合である場合

{A1, A2, …, AN} →B

であり，決定項のいかなる真部分集合の属性に対してもBが関数従属でないとき

{Ai, …, Aj} ↛B

と表現し，これを**完全関数従属**という。完全関数従属でない関数従属を**部分関数従属**という。

主キーが1属性の場合は完全関数従属である。一方，主キーが複合キーの場合，主キーに部分関数従属な非キー属性があると，その非キー属性を更新しようとするときに不都合が起こる可能性がある。

表3.5において，主キーは{顧客ID，注文日，商品ID}，非キー属性は，氏名，住所，郵便番号，商品名，単価，数量である。ここで主キーの真部分集合である商品IDが決まれば，商品名が決まるし，単価も決まってしまうので，主キーに部分関数従属な非キー属性が存在する。そこで，それを解消する。解消法は，複合キーである主キーに部分関数従属する非キー属性，言葉を変えれば，複数属性から構成される主キーのうちの一部属性に依存している非キー属性を，別のリレーション（表）として独立させることである。

この場合は，表「顧客」と表「商品」に分解する。ここにおいて，非キー属性である商品名と単価を表「商品」の属性として独立させるとき，「顧客」から「商品」にアクセスできる必要があるので，「商品」の主キーを商品IDとし，「顧客」の外部キーとして商品IDを指定することにより，表「顧客」から表「商品」にアクセスし，単価などを参照できるようにする。表3.7が実はその表「商品」であり，分解後の表「顧客」を**表3.10**に示す。

表3.10 「顧　　客」

顧客ID	氏名	住所	郵便番号	注文日	商品ID	数量
0001	青木	東京都	1130033	20160105	IV001	1
0001	青木	東京都	1130033	20160105	FC001	4
0001	青木	東京都	1130033	20160404	FC001	2
0002	青木	東京都	1130033	20160105	GJ001	2
0003	伊藤	千葉県	2880012	20160204	FC002	2
0004	小野	栃木県	3211102	20160303	IG001	1
0005	内田	埼玉県	3570063	20160528	FT001	1

3.1.10 第 2 正 規 形

表 3.7「商品」において，主キーは商品 ID，非キー属性は商品名，単価，倉庫名，倉庫住所，在庫数である。そして主キーは一属性であるから，商品 ID が決まると商品名，単価，倉庫名，倉庫住所，在庫数も決まる，すなわち完全関数従属であり，これが**第 2 正規形**である。

一方，分解後の表 3.10「顧客」において{0005　内田　埼玉県　3570063　20160528　FT001　1}が注文キャンセルによって削除されても，表「商品」に商品 ID：FT001 と商品名：テーブルと単価：150000 があるので，商品情報に関して削除時異常は起こらない。更新に関しても，例えば，商品 ID：FC001 のイスの単価を変更するときは，表「商品」の商品 ID：FC001 が含まれる一つのタプルの単価を変更すればよい。しかし，分解後の「顧客」はまだ第 2 正規形でない。

表 3.10「顧客」において，主キーは{顧客 ID，注文日，商品 ID}であり，非キー属性は，氏名，住所，郵便番号，数量である。注文日が決まっても氏名，住所，郵便番号，数量は決まらない。商品 ID が決まっても氏名，住所，郵便番号，数量は決まらない。しかし，顧客 ID が決まると氏名が決まる。よって，部分関数従属であり，更新時異常が起こる可能性がある。

ここにおいて，例えば，顧客 ID：0005 の内田さんが注文をキャンセルすると，内田さんの情報が消失してしまい，削除時異常が起こる。内田さんの情報を登録しようとして，{0005　内田　埼玉県　3570063　空値　空値　空値}を追加しようとしても，主キーである注文日と商品 ID の値が空値であるから，キー制約に抵触し，DB 管理システムにより，はじかれてしまう。

また，顧客 ID：0001 の青木さんの住所を変更しようとすると，複数のタプルにわたって住所を変更しなければならなく，変更時異常が起こる。

複数属性から構成される主キーのうちの一部属性である顧客 ID に依存している非キー属性の氏名を，別の表として独立させることにより部分関数従属を解消し，第 2 正規形にする。今回は，「注文」とさらに新たな「顧客」に分解する。結果を**表 3.11** と**表 3.12** に示す。

「注文」においては，注文日で昇順に並べ替えてある。主キーは{注文日，顧客 ID，商品 ID}で，非キー属性は数量である。主キーは三つの属性からなる複合キーであるが，そのうちの二つの属性，あるいは一つの属性の値が決まっても非キー属性：数量の値は決まらないので完全関数従属になっている。

表 3.11 「注　　文」

注文日	顧客 ID	商品 ID	数量
20160105	0001	IV001	1
20160105	0001	FC001	4
20160105	0002	GJ001	2
20160204	0003	FC002	2
20160303	0004	IG001	1
20160404	0001	FC001	2
20160528	0005	FT001	1

表 3.12 「顧　　客」

顧客 ID	氏名	住所	郵便番号
0001	青木	東京都	1130033
0002	青木	東京都	1130033
0003	伊藤	千葉県	2880012
0004	小野	栃木県	3211102
0005	内田	埼玉県	3570063

表 3.12「顧客」は，顧客 ID で昇順に並び替えてある。主キーは顧客 ID であり，非キー属性は，氏名，住所，郵便番号である。主キーは一属性であるから，完全関数従属である。

まとめると，第 2 正規形は，第 1 正規形であって，かつ，主キーに対してすべての非キー属性が完全関数従属するものである。

3.1.11　第 3 正規形

第 2 正規形においてもまだ不都合が起こる場合がある。実は，表 3.12「顧客」，表 3.7「商品」において，依然，異常が解消されていない。これを解消するために第 3 正規形を導入する。

〔1〕 **更新時異常**　表 3.7「商品」において，家具を格納する倉庫が引っ越し，倉庫の住所が変わったとしよう。それを表「商品」に反映させようとすると，同じ倉庫に格納する商品が複数存在するから，変更箇所が複数のタプルに及び，変更時異常が起こる。

さらに，楽器倉庫が手狭になってきたから，楽器第 2 倉庫を新設したとしよう。これを表 3.7「商品」に登録しようとしても，格納する商品 ID が決まらないうちは主キーの値が空値なので，{空値　空値　空値　第 2 倉庫　愛知県　空値}のような追加は受け付けられないので，挿入時異常を引き起こす。

また，商品 ID：GJ001 の商品が扱い中止となり，タプル{GJ001　ジョウロ　2000　庭用品倉庫　千葉県　13}が表「商品」から削除されると，庭用品倉庫の情報が失われるという削除時異常が起こる。

〔2〕 **推移的関数従属**　なぜこのような異常が起こったのであろうか？表 3.7

「商品」の主キーは商品IDの一属性であるから完全関数従属であり，第2正規形であったが，そこにつぎに説明するような推移的関数従属が存在したからである。

まず表3.7「商品」は，主キー商品IDに対して完全関数従属であるから

商品ID→倉庫名

である。そして商品ID→倉庫住所であるが，実はこの関数従属は，商品ID→倉庫名 かつ 倉庫名→倉庫住所 から，商品ID→倉庫住所 が導かれているのである。これを**推移的関数従属**という。この推移的関数従属が異常の原因になっている。

定式化すると，推移的関数従属とは

リレーションにおいて，属性Yが属性Xに関数従属し（X→Y），属性Zが属性Yに関数従属（Y→Z）するならば，属性Zは属性Xに関数従属する（X→Z）

ということである。

表3.7には，商品IDが決まると倉庫名が決まり，倉庫名が決まれば倉庫住所が決まるという推移的関数従属があるということは，倉庫名→倉庫住所という関数従属は別の表にする，というさらなる正規化をすべきであったということである。さらなる正規化である第3正規形ではこのような不都合を解消する。

〔3〕 **第3正規形化**　第3正規形にするためには，主キーに推移的関数従属している非キー属性があれば，それを別の表（リレーション）として独立させる。表3.7「商品」において，倉庫住所の情報は別の表に独立させておけばよいということである。そのときに，「商品」から「倉庫」にアクセスができるように，「倉庫」の主キーである倉庫名を，「商品」の外部キーとしておく必要がある。

第2正規形の表3.7における推移的関数従属を解消した結果として得られる第3正規形の表「商品」と表「倉庫」を，**表3.13**と**表3.14**に示す。

表3.13　「商　品」

商品ID	商品名	単価	倉庫名	在庫数
IV001	バイオリン	100000	楽器倉庫	3
IG001	ギター	5000	楽器倉庫	5
FC001	イス	8000	家具倉庫	7
FC002	イス	50000	家具倉庫	3
FT001	テーブル	150000	家具倉庫	2
GJ001	ジョウロ	2000	庭用品倉庫	13

表3.14　「倉　庫」

倉庫名	住所
楽器倉庫	大阪府
家具倉庫	京都府
庭用品倉庫	千葉県

つぎに表3.12「顧客」を第3正規形にする。表3.12「顧客」において，住所と対応する郵便番号が変更になったとしよう。それを表3.12「顧客」に反映させようとするとき，同じ住所の顧客が複数存在すると，変更箇所が複数のタプルに及び，変更時異常が起こる。この表3.12「顧客」の主キーは顧客IDの一属性であるから完全関数従属であるが，顧客IDが決まると住所が決まり，住所が決まれば郵便番号が決まるから，郵便番号は顧客IDに推移的関数従属している。よって，主キーに推移的関数従属している非キー属性があれば，それを別の表（リレーション）として独立させれば，それが**第3正規形**である。この場合は，郵便番号の情報は別の表に独立させておけばよいということである。

第2正規形の表3.12における推移的関数従属を解消した結果として得られる第3正規形の表「顧客」を，**表3.15**に示す。表「住所・郵便番号」は省略する。

表3.15 「顧　　客」

顧客ID	氏名	住所
0001	青木	東京都
0002	青木	東京都
0003	伊藤	千葉県
0004	小野	栃木県
0005	内田	埼玉県

なお，表3.11「注文」は，主キーが，{注文日，顧客ID，商品ID}であり，非キー属性は数量であり，ここにおいて推移的関数従属は存在しないから，「注文」はすでに第3正規形となっている。

ここにおいて，表「顧客」「商品」「注文」「倉庫」が完成した（「住所・郵便番号」は省略）。次節以降のMySQLにおける表は，これらの表（リレーション）を適宜，編集したものを使用する。

3.1.12 データベース設計

部分関数従属あるいは推移的関数従属が存在するということは，表内に複数種類の情報（例えば，顧客情報，注文情報，商品情報など）が混在しているということである。それらを独立させて別々の表にし，部分関数従属と推移的関数従属を解消したものが第3正規形である。DBを作成するとき，非正規形→第1正規形→第2

正規形→第3正規形という手順を踏む必要はない。リレーションスキーマのタプルを単純にし（第1正規形），1種類の情報を一つの表にすれば，それがすでに第2正規形あるいは第3正規形になっていることもある。

第3正規形の二つの表において，片方の表の外部キーがもう一つの表の主キーとなっている表同士は，外部キーを用いた結合演算（3.8節）により，第2正規形の一つの表に結合することができる。第2正規形の表同士も同様にして第1正規形の表に結合できる。検索（SQLにおけるSELECT命令）は頻繁に実行される処理であり，そのための例えば結合演算は，タプル数が多数になると，時間のかかる演算となる。そのため検索の頻度が高いDBにおいては，ことさら第3正規形あるいは第2正規形にしないでおくというDB設計もありうる。

さらに高次の正規形もあるが，実際のDB構築においては，第3正規形まででほぼ十分であるといわれている。

3.2　MySQLの起動

MySQL（マイエスキューエル）は，1995年に誕生したリレーショナルDB管理システムであり，DB操作（作成・更新・削除など）のためのDB言語機能を具備している。MySQLは，IBM社が開発したSQL（structured query language）を起源にもつ。Queryは問い合わせであることから，リレーショナルDB問い合わせ言語MySQLという言い方もする。

本節では，前節の3.1節で設計した表「顧客」「商品」「注文」「倉庫」の実装について説明する。ただし，3.1節で設計した表をベースにし，適宜編集した表を実装する。なお，リレーショナルモデルの表（リレーション），属性，タプルは，MySQLではそれぞれ表（テーブル），カラム（列），レコード（行）という。本書のMySQLの説明では，表，カラム，レコードを使用する。

本書ではXAMPPに含まれている無償版MySQLを使用する。XAMPPのインストールは巻末付録のA.2節に，MySQLの文字コード設定は巻末付録のA.5節に記載した。MySQLを使用するためにはXAMMPを起動し，Apache，MySQLのStartボタンを押す。

本書では，phpMyAdminというWeb経由でMySQLサーバを管理するソフトウェアを用いてブラウザ上から表の作成などを行う。XAMPP Control PanelのMySQL

の Start ボタンを選択（左クリック）し，その右の Admin ボタンを選択することにより phpMyAdmin を起動できる。特に変更をしていなければ，ブラウザの URL 欄に http://localhost/phpmyadmin/index.php と入力しても phpMyAdmin が起動する。

phpMyAdmin を起動し，言語は日本語を選択し，ユーザ名：root，パスワードを巻末付録の A.2 節において設定した文字列 ABcd1234 とし，実行を選択すれば phpMyAdmin ホーム画面となる（パスワード保存はしないほうを勧める）。ホーム画面の [サーバ接続の照合順序] は utf8mb4-general-ci を選択する。この画面上部のデータベースメニューを選択すれば，DB 管理画面が開く。ここの照合順序はデフォルトのままでよい。今後も root 権限（ユーザ名：root）で接続し，DB 作成，表作成，データ追加，データ変更，データ削除を行う。

3.3 データベース

3.3.1 SQL　文

MySQL コマンド，MySQL 命令と SQL 文について説明する。

MySQL 命令で始まる **SQL 文**の最後にはセミコロン ; を付ける。SQL 文にとってはセミコロンが文と文との区切りを示す記号（デリミタ）なので，セミコロンを付けないと，どこからどこまでが一つの SQL 文か識別できないからである。よって SQL 文は途中で改行が入っても構わない。セミコロンが現れたところまでを一つの SQL 文として処理する。

一方，**MySQL コマンド**，例えば USE コマンドは，コマンドの最後にセミコロンを付けなくても区切りを識別できる。よってセミコロンを付けなくてもよいが，セミコロン自体は単に区切り記号なので，付けても構わない。コマンドかどうかを暗記しておくのはたいへんなので，本書ではコマンドにもセミコロンを付ける。

3.3.2 データベースの作成と削除

まず DB を作成する。その後，この中に各種の表を入れていく。DB というのは大きな入れ物であり，その中に表を入れていくといった感じである。まずは phpMyAdmin を起動し，[データベース] を選択し，[データベースを作成する] が表示される画面を開く。

DB 作成の構文は

CREATE DATABASE DB名 DEFAULT CHARACTER SET utf8mb4;

である。これは，CREATE DATABASE 命令で始まる SQL 文であるから，文末に区切り記号としてセミコロン ; を付ける。DB 名は DB に付ける名前であり，64 バイト以内であり，文字は半角文字である。SQL 文の命令において大文字と小文字の区別はしないので，すべて大文字でも，すべて小文字でも，大文字と小文字を混在させてもよいが，本書では SQL 文の命令には大文字を使用する。なおデフォルト採用したマルチバイト文字コードの utf8mb4 は 4 バイトの文字コードである。

本書では DB 名を webservice とするので

CREATE DATABASE webservice DEFAULT CHARACTER SET utf8mb4;

である。phpMyAdmin 画面で，[データベースを作成する] の下の欄に webservice と入力し，[作成] を選択する。[テーブル作成] の表示が現れ，左のデータベース一覧に webservice が追加されていれば，データベース webservice の作成成功である。要するに [作成] を選択すると phpMyAdmin がこの CREATE DATABASE 命令を実行し，データベース webservice を作成してくれている†。

DB を削除するには DROP DATABASE 命令により

DROP DATABASE DB名;

とする。

Windows OS では DB 名，後述する表名，カラム名などは大文字，小文字を区別しないが，本章では予約語（命令，コマンド）と区別するため小文字を採用する。よって本章では，コマンドと命令は大文字，それ以外の各種の名などは小文字とする。各種の名に日本語文字も使用することができるが，うまく処理されないこともあるので，半角英数字の使用が推奨される。本書でも半角英数字を使用する。

3.3.3　データベースの表示と選択

作成した DB を表示するには，SHOW コマンドを使用し

SHOW DATABASES;

とすると，作成済み DB の一覧が表示される。

phpMyAdmin の場合は，画面左にデータベース一覧が表示されている。このとき，自分で作成した覚えのない DB が表示されるが，それはデフォルトですでに作

† 同名の DB を複数作成することはできない。この CREATE DATABASE は最初の DB 作成なので，同名の DB が以前に作成されている心配はないが。

成されているDBである。

```
SHOW CREATE DATABASE DB名;
```

により，作成したDB名の文字コードの情報などが表示される。例えば，作成済みのデータベースwebserviceの文字コード情報を知りたければSHOW CREATE DATABASE webservice; とする。phpMyAdminの場合は[データベースを作成する]画面の照合順序にutf8mb4-general-ciと表示されている。

データベースwebservice内に表を作成するが，それに先立ち，使用するDBを選択する。コマンドライン入力の場合は，USEコマンドにより

```
USE 使用するDB名;
```

と宣言する必要がある。いま，使用するデータベースはwebserviceだから

```
USE webservice;
```

と入力すると，Database changedというメッセージが表示される。これにより使用するデータベースwebserviceが選択される。

現在使用中のデータベースはコマンドライン入力

```
SELECT DATABASE();
```

により確認できる。つづいて

```
SHOW TABLES;
```

と入力すると，データベースwebserviceの中にはまだ表を作成していないので，Empty(空)というメッセージが表示される。

3.4 データ型

表を作成するためにはカラムのデータ型を指定する必要がある。カラムは3.1節リレーショナルデータベースにおける属性に相当する。本節ではカラムの基本的なデータ型について説明する。MySQLでは2章PHPとは異なり，データ型を前もって宣言しておく必要がある。前もってというのはいつかというと，MySQLの場合，表を新たに作成するときに同時に宣言する。

3.4.1 整数型

SQL文においてダブルクォートあるいはシングルクォートで囲む必要はない。

(1) INT 4バイト整数： 符号付き整数ならば −2147483648～+2147483647

の範囲，符号なし整数 INT UNSIGNED ならば 0～4294967295 の範囲の整数値を格納できる。

（2） MEDIUMINT　3バイト整数：　符号付きならば－8388608～＋8388607 の範囲，符号なし MEDIUMINT UNSIGNED ならば 0～16777215 の範囲の整数値を格納できる。

（3） SMALLINT　2バイト整数：　符号付きならば－32768～＋32767 の範囲，符号なし SMALLINT UNSIGNED ならば 0～65535 の範囲の整数値を格納できる。

3.4.2 実　数　型

SQL 文においてダブルクォートあるいはシングルクォートで囲む必要はない。

FLOAT　32 ビット単精度浮動小数点数である。範囲は－3.402823466E^{38}～－1.175494351E^{38}，0，1.175494351E^{38}～3.402823466E^{38} である。FLOAT(M,D) とした場合，整数部と小数部を合わせて M 桁まで表示でき，そのうちの D 桁が小数点以下であるという指定ができる。例えば，FLOAT(6,3) として定義されたカラムに 123.45678 を入力すると，四捨五入され 123.457 と表示される。

3.4.3 文　字　列　型

SQL 文においてダブルクォートあるいはシングルクォートで囲む必要がある。

〔1〕 可変長文字列型 VARCHAR(N)　N は文字数である。VARCHAR の最大格納バイト数は 65535 である。一方，1 レコード（行）の最大バイト数は 65535 バイトなので，レコード内の全コラムの合計バイト数はこの 65535 バイトを超えることはできない。utf8mb4 は 1 文字格納に 4 バイトを必要とするので，文字コードが utf8mb4 の場合，カラムがたった一つしかなく，そのデータ型が VARCHAR ならば，N の最大は 65535 バイト÷4 バイトで約 1630 文字である。しかし，通常，他のカラムもあるので，この N に 1630 を指定すると 1 レコード（行）全体のバイト数が 65535 を超えてしまう可能性が高い。よって他のカラムのデータ型も考慮に入れて，N を決める必要がある。

〔2〕 固定長文字列型 CHAR(N)　N は格納可能な文字数で，最大 255 である。

CHAR(N) と VARCHAR(N) との違いは，実際の入力文字数が N 未満だったとき，CHAR では空いた末尾をスペースで埋め尽くすが，VARCHAR は格納サイズを小さく可変とする。よって，文字数が決まっているときには CHAR を，可変にしたいときにはVARCHARを使用する。

〔3〕 **日付時刻型** SQL文においてダブルクォートあるいはシングルクォートで囲む必要がある。データ型にはDATE，TIME，DATETIME，YEARがある。

DATE	年月日	指定形式は 'YYYY-MM-DD'
TIME	時刻	指定形式は 'HH:MM:SS'
DATETIME	年月日と時刻	指定形式は 'YYYY-MM-DD HH:MM:SS'
YEAR	年	指定形式は 'YYYY'

日付時刻関数（3.10節）のところで具体的な説明をする。

〔4〕 **NULL** 空値である。値が未定のときなどに使用する。

3.5 表とレコード

3.5.1 表の構造

phpMyAdminを使用して，データベースwebserviceの中に表を作成する。webserviceを選択すると[テーブルを作成]が表示される。データベースの中には複数の表を作成することができる。

まずは練習を兼ねて，3.2節で設計した表の中で，属性数が最も少ない表3.14「倉庫」の表warehouseを作成する。

表3.14 再掲「倉庫」

倉庫名	住所
楽器倉庫	大阪府
家具倉庫	京都府
庭用品倉庫	千葉県

表3.16 表warehouseの構造

属性名	倉庫名	住所
カラム名	housename	address
データ型	VARCHAR(20)	VARCHAR(40)
キー属性	主キー	

表3.16は，表3.14再掲「倉庫」に対応する表の構造を示しており，1行目にリレーショナルモデルにおける属性名，2行目にMySQLにおけるカラム名，3行目にデータ型を記す。カラム名は半角英数字を採用する。表3.16では，リレーショナルモデルとの対応をとるために1行目に属性名を入れた。MySQLの表作成では，2行目以下のカラム名，データ型，キー属性を入力していく。表名，カラム名は日本語文字も可能であるが，文字化けなどの問題が生じる場合があるので，本書では半角英数字を使用する。

3.5.2　最初の表作成

表作成の SQL 文の CREATE TABLE 命令の構文は

CREATE TABLE 表名 (カラム名 データ型 オプション, …);

である。… の部分は　カラム名 データ型 オプションの繰返しである。オプションの指定が不要のときは，カラム名 データ型 となる。オプションは，例えばそのカラム名が主キーであることを指定する場合は，PRIMARY KEY である。表名，カラム名は 64 バイト以内である。

表 warehouse を作成するための SQL 文は

```
CREATE TABLE warehouse (housename VARCHAR(20) PRIMARY KEY, address
VARCHAR(40));
```

となる。オプション PRIMARY KEY を最後に置き

```
CREATE TABLE warehouse (housename VARCHAR(20), address VARCHAR(40),
PRIMARY KEY(housename));
```

のように記述してもよい。

phpMyAdmin では [テーブルを作成] の下の名前の欄に warehouse，カラム数に 2 を入力し，[実行] を選択すると，テーブル名の欄に warehouse と記載された画面に移動する。ここにおいて名前はカラム名のことである。そこで**図 3.1** のように入力する。housename が主キーであるから，名前 housename の画面右にあるインデックスで PRIMARY を選択し，[インデックスを追加する] の [実行] を選択する。最後に画面下の [保存する] を選択する。すでに同じ名前の表が作成されていた場合はエラーとなる。

名前	データ型	長さ/値
housename	VARCHAR	20
address	VARCHAR	40

図 3.1　カラム名，データ型などの入力

Web ショップに登録するとき，必須項目とそうでない項目（任意項目）がある。必須項目に入力をしないとエラーになる。しかし任意項目には入力しなくてもよい。入力しない場合に入る値をデフォルト値として指定することができる。デフォルト値の指定は例えばつぎのようにする。

CREATE TABLE 表名 (id INT, telephone INT DEFAULT 0);

この例の場合，電話番号データを入力しない場合は0が入る。phpMyAdminにおいてはデフォルト値の欄に値を入力する。

phpMyAdminにおいて表の構造，例えば表3.16の構造のデータ型を変更するときは，[構造]を選択する。表示された画面で，変更，削除，追加をすることができる。表warehouseのカラムのデータはまだなにも入力していない。

3.5.3 表の表示

コマンドラインからの現在使用しているDBのすべての表の表示はSHOW TABLES; とする。表内のカラムの定義表示はSHOW COLUMNS FROM 表名; とする。また，作成した表の構造表示はDESCコマンドを用いてDESC 表名; とする。DESC warehouse; とすれば表warehouseの構造が表示される。

phpMyAdminではデータベースwebserviceの中にあるwarehouseを選択すると表の内容が確認できる。その後，[構造]を選択すると構造が表示される。

3.5.4 レコード格納

CREATE TABLE命令により作成した表に各レコードのデータを格納するには，INSERT命令を使用する。構文は

```
INSERT INTO 表名 (カラム名1, カラム名2, ------ , カラム名N) VALUES(データ 1,
データ 2, ------ , データ N);
```

である。設定したカラム名の順にデータを指定する場合は，カラム名を省略し

```
INSERT INTO 表名 VALUES(データ1, データ2, ------ , データN);
```

としてもよい。データが文字列である場合は，ダブルクォートあるいはシングルクォートで囲む。

表3.14「倉庫」の最初のタプルの倉庫名データ"楽器倉庫"と住所データ"大阪府"を表warehouseの1レコードとして入力するには

```
INSERT INTO warehouse (housename, address) VALUES("楽器倉庫", "大阪府" );
```

とする。あるいは

```
INSERT INTO warehouse VALUES("楽器倉庫", "大阪府" );
```

とする。

phpMyAdminでは，画面上にある[SQL]を選択すると表示される枠内に

```
INSERT INTO warehouse VALUES("楽器倉庫", "大阪府" );
```

と入力し，[実行] を選択すると，[1 行挿入しました] という表示と前記の SQL 文が表示される。[表示] を選択すると**図 3.2** のように入力したデータである楽器倉庫と大阪府が確認できる。

図 3.2　入力レコードの確認

つづいて [SQL] を選択し

```
INSERT INTO warehouse (housename, address) VALUES("家具倉庫", "京都府" );
INSERT INTO warehouse (housename, address) VALUES("庭用品倉庫", "千葉県" );
```

と入力する。このとき，枠の下の SQL 文の入力を支援する INSERT を選択すれば入力が楽になる。[実行] を選択すれば，表 3.14 の表「倉庫」に対応する表 warehouse が作成できる。表名，カラム名の半角英字をシングルクォートで囲んでもよいが，Shift + @ の ` を使用する。Shift + 7 の ' を使用するとエラーになる†。日本語文字列はシングルクォートあるいはダブルクォートで囲む。データ訂正は [表示] を選択し，訂正したいレコードの [編集] を選択する。

一度に複数のレコードを入力，実行することもできる。

```
INSERT INTO warehouse (housename, address) VALUES("楽器倉庫", "大阪府" ) ,
("家具倉庫", "京都府" ), ("庭用品倉庫", "千葉県" );
```

とする。

phpMyAdmin の [挿入] を選択し，レコードごとに値を入力し，[無視] のチェックを外し，実行しても，複数レコードを挿入することができる。表 3.14 の「倉庫」を参照し，レコードを挿入すれば，表 warehouse の完成である。

3.5.5　表　の　追　加

前項において，3.1 節の表「倉庫」に対応する表 warehouse を作成した。本書における Web ショップを完成させるためには，3.1 節で設計した残りの表「商品」

† 日本語 106/109 キーボードの場合。

「顧客」,「注文」に対応する表も作成しておく必要がある。つづいて表productを作成する。表3.13「商品」に対応する表product(**表3.17**)作成のためのSQL文をつぎに示す。

```
CREATE TABLE product
(product_id VARCHAR(20) PRIMARY KEY, product_name VARCHAR(20), price
INT, housename VARCHAR(20), stock SMALLINT);
```

表3.17 表productの構造

属性	商品ID	商品名	単価	倉庫名	在庫数
カラム名	product_id	product_name	price	housename	stock
データ型	VARCHAR(20)	VARCHAR(20)	INT	VARCHAR(20)	SMALLINT
キー属性	主キー				

phpMyAdminにより,この新たな表productを作成する。phpMyAdmin画面の左のデータベースwebservice配下のNewを選択すると,新たな表の作成画面が表示されるので,上記のCREATE TABLE命令を参照し,表(テーブル)名をproductとし,カラム名,データ型,キー属性を入力する。product_idのインデックスをPRIMARYにする。カラムが足りない場合は,上部の[カラムを追加する]の欄に個数を入れ,[実行]を選択するとカラムが追加される。入力が終わったら[保存する]を選択する。[構造]を選択すれば表productの構造を確認できる。名前product_idの横の鍵のマークはproduct_idのキー属性がPRIMARYであることを示している。

3.5.6 ファイル読込みによるSQL文実行

表3.13「商品」に対応する表productを作成するとき,SQL文を一つ一つ入力するのは面倒である。そこで,いったん表作成のためのSQL文を格納するファイルを作成しておき,そのファイルを読み込む。これにより多数のSQL文の一括入力が可能となる。バグとりにも便利なのでそれについて説明する。

いま,SQL文が格納されたテキストファイル名をproduct.sqlとし,エディタを用いて,**リスト3-1**のproduct.sqlをC:¥xampp¥htdocs¥webshopフォルダに格納しておく。サクラエディタの文字コードはUTF-8とする。

phpMyAdminにおいて表productを選択した状態で[インポート]を選択する。[テーブル"product"へのインポート]と表示される。[ファイルを選択]あるいは

リスト 3-1　product.sql

```
1  USE webservice;
2  INSERT INTO product
3  (product_id, product_name, price, housename, stock)
4  VALUES("IV001","バイオリン",100000,"楽器倉庫",3),
5        ("IG001","ギター",5000,"楽器倉庫", 5),
6        ("FC001","イス",8000,"家具倉庫",7),
7        ("FC002","イス",50000,"家具倉庫",3),
8        ("FT001","テーブル",150000,"家具倉庫",2),
9        ("GJ001","ジョウロ",2000,"庭用品倉庫",13);
```

[参照] を選択し，webshop フォルダ内の product.sql を選択して開き，下のほうにある [実行] を選択する。product.sql 内のプログラムにおいてカンマが 1 個抜けていても，1 個余計でもエラー #1064 となる。文字列型をシングルクォートあるいはダブルクォートで囲まないとエラー #1054 となる。エラー表示がなければ，表 product 内にデータが格納されている。[表示] を選択すれば確認できる。

3.5.7　Web ショップの表作成

Web ショップのための表 member と表 shop_order を作成する。

〔1〕 **表「顧客」と表 member**　表 3.15「顧客」に対応する表 member を作成する。表「顧客」から，属性：郵便番号を削除し，新たに属性としてパスワードと電子メールアドレスを入れた**表 3.18** の構造を採用する。

表 3.18　表 member の構造

属性	顧客 ID	氏　名	パスワード	電子メールアドレス	住　所
カラム名	member_id	name	pw	mail	address
データ型	INT	VARCHAR(40)	VARCHAR(255)	VARCHAR(125)	VARCHAR(40)
キー属性	主キー，連続番号				

ここで member_id は，顧客に付与されたユニークな連続番号である。このようなユニークな連続番号を自動的に生成する機能が MySQL にはある。カラムの値として 1 から始まる連続番号を付与するためには，そのカラムのデータ型を整数型（INT とか SMALLINT とか）にする。そして，データ型指定につづいて AUTO_INCREMENT というオプションを付ける。

オプションを入れた SQL 文は

```
CREATE TABLE member
(member_id INT AUTO_INCREMENT PRIMARY KEY, name VARCHAR(40), pw
VARCHAR(255), mail VARCHAR(125) address VARCHAR(40));
```

となる。phpMyAdmin ではデータベース webservice 配下の New を選択して新たな表 member の作成を開始する。テーブル名が member である。member_id は PRIMARY 指定とし，A_I にチェックを入れる。表 3.18 の入力がすべて完了したら，[保存する] を選択する。

カラムへの具体的な入力値は，Web ショップに新規会員登録するユーザが，ブラウザから入力するので，ここでは表の構造のみを作成しておく。実際の入力は 4 章にて説明する。

〔2〕 **表「注文」と表 shop_order**　表 3.11「注文」に対応する表 shop_order の構造を**表 3.19** に示す。

表 3.19　表 shop_order の構造

属性	注文日	顧客 ID	商品 ID	数　量
カラム名	orderdate	member_id	product_id	order_number
データ型	VARCHAR(128)	INT	VARCHAR(20)	SMALLINT
キー属性	主キー	主キー	主キー	

表 3.19 の表 shop_order 作成のための SQL 文をつぎに示す。PHP ファイルからのデータを格納するため orderdate のデータ型を VARCHR にする。

```
CREATE TABLE shop_order
(orderdate VARCHR(128), member_id INT, product_id VARCHAR(20), order_number
SMALLINT, PRIMARY KEY(orderdate,member_id,product_id));
```

phpMyAdmin ではデータベース webservice 配下の New を選択して新たな表 shop_order の作成を開始する。テーブル名が shop_order である。この表では三つのカラムに主キーの指定をする。入力が完了したら，[保存する] を選択する。

これで表「倉庫」「商品」「顧客」「注文」に対応する表 warehouse，product，member，shop_order が完成した。表 member には，顧客が Web ショップの新規会員登録ページから登録のための情報を入力することによって，レコードが追加される。表 shop_order のレコードも顧客からの注文時に追加される。クライアントからの入力をレコードとして追加する方法は 4 章で説明する。

3.6 検　　索

3.6.1 SELECT 命令

表のデータの検索には，**SELECT 命令**を使用する。

ある一つのカラムの検索には

```
SELECT カラム名 FROM 表名;
```

とする。複数のカラムの検索は

```
SELECT カラム名1, カラム名2, ------ FROM 表名;
```

とする。全カラムの検索は

```
SELECT * FROM 表名;
```

とする。phpMyAdmin を使用する場合は，[表示] を選択すれば phpMyAdmin が全カラム検索の SELECT 命令を実行し，検索結果の表のデータを表示してくれる。[SQL] を選択し

```
SELECT * FROM warehouse;
```

と入力，実行しても同じ検索結果の表のデータが表示される。

3.6.2 検索条件の設定

顧客がログインしたときに，お客さま ID やパスワードが一致しているかどうかの検索，ある商品を購入した顧客リスト，ある顧客の購入総額の計算，在庫が 2 個以下の商品リストなど，表内のカラムに対する各種の条件に基づく検索について説明する。

前記の SELECT 命令に検索条件を指定するための WHERE 句を付ける。例えば，条件に一致したレコードのカラムを表示させたい場合は

```
SELECT カラム名 FROM 表名 WHERE 条件 ;
```

とする。条件には比較演算子（表 3.20）が使用できる。

表 product における 10000 円以上の商品のレコードを表示させたいときは，カラム名のところにアスタリスク * を置き

```
SELECT * FROM product WHERE price >= 10000;
```

とする。phpMyAdmin において左の欄のデータベース webservice を選択し，[SQL] を選択し，[データベース webservice 上でクエリを実行する:] が表示されたら，上

記の SQL 文を入力し，[実行] を選択すると，検索結果である**図 3.3** が表示される。**クエリ**（query）というのは DB への問い合わせであり，各種 SQL 命令，SQL コマンドである。

←T→	product_id	product_name	price	housename	stock
編集 コピー 削除	FC002	イス	50000	家具倉庫	3
編集 コピー 削除	FT001	テーブル	150000	家具倉庫	2
編集 コピー 削除	IV001	バイオリン	100000	楽器倉庫	3

図 3.3　phpMyAdmin による検索結果

3.6.3　比較演算子

比較演算子を**表 3.20** に示す。比較演算子に関して 2 章 PHP との大きな違いは "等しい" の演算子で，PHP では == であったが，MySQL では = である。よって，倉庫名が家具倉庫である商品のレコードの検索は

```
SELECT * FROM product WHERE housename = "家具倉庫";
```

とする。検索の結果，2 種類のイスと 1 種類のテーブルの情報が表示される。

表 3.20　MySQL の比較演算子

演　算　子	例	意　　味
=	A=X	A と X は等しい
<>	A<>X	A と X は等しくない
>	A>X	A は X より大きい
>=	A>=X	A は X 以上
<	A<X	A は X より小さい（未満）
<=	A<=X	A は X 以下
IN	A IN X	A はリスト X の要素に存在
NOT IN	A NOT IN X	A はリスト X の要素の中にない
BETWEEN	A BETWEEN X AND Y	A は X 以上かつ Y 以下
NOT BETWEEN	NOT A BETWEEN X AND Y	A は X 以上かつ Y 以下でない。つまり X 未満か Y より大きい

比較演算子 IN は以下のように使用する。

```
SELECT * FROM warehouse WHERE address IN ("大阪府","京都府");
```

これにより，表 warehouse において，倉庫住所の都道府県名が大阪府と京都府のレコードを検索できる。結果として家具倉庫と楽器倉庫が表示される。

比較演算子 BETWEEN は以下のように使用する。

```
SELECT * FROM product WHERE price BETWEEN 5000 AND 10000;
```

表 product において価格 price が 5000 円以上 10000 円以下の商品を検索し，合致した 5000 円のギターと 8000 円のイスが選択される。SELECT 命令の WHERE 句の条件にはつぎに説明する論理演算子と比較演算子を組み合わせた条件を設定することもできる。

3.6.4 論理演算子

WHERE 句の条件には**論理演算子**を使用できる。基本的な論理演算子を**表 3.21** に示す。否定演算子 ! は単項演算子，それ以外は二項演算子である。

表 3.21 論理演算子

論理演算子	意味
OR	論理和
AND	論理積
XOR	排他的論理和
!	否定

表 3.22 演算子の優先順位

順位	演算子
高い	!
↑	^ 階乗
	*, /, %
	-, +
	=, >=, >, <=, <, <>, LIKE, IN
	BETWEEN
↓	AND
低い	OR, XOR

算術演算子と同様に[†]，論理演算子においも優先順位がある。優先順位が一番高いのは，否定演算子 !，つぎに論理積演算子 AND，そして論理和演算子 OR と排他的論理和演算子 XOR は同順位である。

論理演算子と比較演算子とを組み合わせて使用することができる。例えば表 product の 5000 円以上かつ 10000 円以下の商品のレコードは

```
SELECT * FROM product WHERE price>=5000 AND price<=10000;
```

により表示できる。これは 3.6.3 項の BETWEEN による検索を論理演算子と比較演算子の組合せで記述したものである。

MySQL の算術演算子，比較演算子，論理演算子など各種演算子の優先順位を**表 3.22** にまとめた。上の欄に行くほど優先順位が高い。同じ欄の演算子の優先順位

[†] 加算減算より乗算除算の優先順位が高い。

は同じである。

演算子の優先順を意識することは重要である。例として,「価格が 10000 円以下あるいは 50000 円以上で，なおかつ在庫が 10 個以上の商品」を選択したい場合

```
SELECT * FROM product WHERE price<=10000 OR price>=50000 AND stock>=10;
```

とすると，AND は OR より強い（優先順位が高い）から，price>=50000 AND stock>=10 が先に評価され，OR が後回しになってしまい，

「10000 円以下の商品か，あるいは 50000 円以上で在庫が 10 個以上の商品」

の意味になってしまう。

演算子の優先順の記憶があやふやなときは丸括弧 ( ) を用いて，

```
SELECT * FROM product WHERE (price<=10000 OR price>=50000) AND
stock>=10;
```

とし，OR を先に評価するという演算順を明確化する。

3.6.5 LIKE 演算子による文字列検索

文字列の検索において，全一致条件で検索する場合は比較演算子 = を用いる。例えば，表 warehouse において倉庫住所が大阪府の倉庫のみを選択したいときは

```
SELECT * FROM warehouse WHERE address="大阪府";
```

とすればよい。

一方，大阪府と京都府の倉庫を検索するときは，論理演算子 OR を用いて

```
SELECT * FROM warehouse WHERE address="大阪府" OR address="京都府";
```

としてもよいが，以下に述べる LIKE 演算子を用いて，文字列のあいまいな条件での検索を指定することができる。

LIKE 演算子においてはワイルドカード % と _ を用いることで，文字列の一部が一致すれば選択されるという演算ができる。

〔1〕 **パーセント %**　　パーセント % は任意数（ゼロ個も OK）の任意文字を表す。

```
SELECT * FROM warehouse WHERE address LIKE "%府 ";
```

とすれば，% のところには任意の文字列が OK という意味だから，address が大阪府と京都府の倉庫が選択される。例えば乳製品の表があって，その表の商品名 name のどこかに ヨーグルト という文字列が含まれる商品をすべて選択したければ

```
SELECT * FROM　乳製品の表名 WHERE name LIKE "%ヨーグルト%";
```

とすればよい。% は0個の文字列も OK だから，商品名がいきなり ヨーグルト という文字列で始まっていても，商品名の最後がヨーグルトで終わっていても一致し，選択される。よって「飲むヨーグルト」も「低脂肪プレミアムヨーグルト」も「低糖ヨーグルトまろやか」も「ヨーグルトこだわりプレーン」も選択される。

商品名がヨーグルトで始まっている商品のみ選択したければ

```
SELECT * FROM 表名 WHERE name LIKE "ヨーグルト%";
```

とすれば，文字列 ヨーグルト が最初に来て，その右側は任意文字列でよいことを示している。

〔2〕 **アンダースコア _**　% は任意数の任意文字列を示したが，アンダースコア _ は任意文字が一文字であることを示す。

```
SELECT * FROM 表名 WHERE address LIKE "大阪_";
```

とすれば，例えば，大阪府と大阪市が選択される。

3.7 更新と削除

3.7.1 レコードの更新

住所変更，注文による在庫数の更新などレコードの修正，更新には UPDATE 命令を用いる。条件に一致したレコードのみを修正，更新するには

```
UPDATE 表名 SET カラム名=値 , … WHERE 条件;
```

とする。条件に合致したレコードのカラムが更新される。…の部分にさらに カラム名=値 をカンマで区切って並べ，複数のカラムの値を更新することができる。

[例 1]　顧客 ID：0001 からの指示で表「member」の住所 address を静岡県に変更するには

```
UPDATE member SET address= "静岡県" WHERE member_id=0001;
```

とする。

[例 2]　注文による表「product」内の在庫数 stock の更新（:= は代入）

```
UPDATE product SET stock := stock -1 WHERE name ="バイオリン";
```

3.7.2 レコードの削除

レコード削除には DELETE 命令を用いる。条件に一致したレコード削除は

```
DELETE FROM 表名 WHERE 条件;
```

とする。例えば，顧客 ID：0001 からの要求で，会員登録を抹消するには

```
DELETE FROM member WHERE member_id =0001;
```

とする。

全レコードを削除するには

```
DELETE FROM 表名;
```

とする。これにより表の中身は削除されるが，表そのもの，すなわち表の構造は残ったままである。表そのものを削除するには DROP TABLE 命令により

```
DROP TABLE 表名;
```

とする。

3.7.3 表構造の更新

表にカラムを追加したり，カラムのデータ型を変更したりなど，表の構造や定義を更新するには，ALTER TABLE 命令を使用する。構文は

```
ALTER TABLE 表名 更新指定;
```

である。更新指定を**表 3.23** に示す。

表 3.23　ALTER TABLE 命令の更新指定

更 新 指 定	意　　味
ADD　カラム名　データ型	カラム追加。テーブルの最後に追加
ADD　カラム名　データ型　FIRST	カラム追加。テーブルの最初に追加
ADD　カラム名1　データ型　AFTER　カラム名2	カラム名2の直後にカラム名1を追加
CHANGE　カラム名　新カラム名	カラム名を新カラム名に変更
CHANGE　カラム名　新データ型	カラム名のデータ型変更
CHANGE　カラム名　新カラム名　新データ型	カラム名とデータ型を変更
MODIFY　カラム名　新データ型	カラム名のデータ型変更
DROP　カラム名	カラム全体を削除

3.8 結　合　演　算

通常，DB 内には多数の表が存在している。このため，複数の表全体をまとめる，あるいは複数の表の一部をまとめたい場合がある。複数の表をある条件に基づきまとめるための演算である結合演算のうち，基本的な演算のいくつか，具体的には，和演算，内部結合演算，外部結合演算について説明する。

3.8.1　和演算 UNION

複数の表をまとめる演算とはなにかをまずは理解してもらうために和演算（UNION）について説明する。いま，二つの表，表1と表2がある。それら二つ表の和をとるということは，表1の指定カラムと 表2の指定カラムを足した表を作成するということである。

構文は

```
SELECT カラム名1, --- FROM 表1
UNION
SELECT カラム名2, ---  FROM 表2;
```

である。丸括弧を使用し

```
(SELECT カラム名1, … FROM 表1)
UNION
(SELECT カラム名2, … FROM 表2);
```

のようしてもよい。結合が複雑になると丸括弧を使用したほうが見やすい。

UNION をさらに続け

```
UNION
SELECT カラム名3, … FROM 表3
-------
UNION
SELECT カラム名N, … FROM 表N;
```

とすることもできる。

この和演算では，SELECT 命令において指定するカラム数が同数であり，かつ同じ位置のカラムのデータ型が一致していなければならない。重複するレコードがもしあれば，そのうちの一つのみを残す。

例を用いて説明する。三つの表 user1，guest1，member1 を以下のように作成する。

```
CREATE TABLE user1
 (username VARCHAR(20), address VARCHAR(20), birthyear SMALLINT);
CREATE TABLE guest1
 (guestname VARCHAR(20), pref VARCHAR(20), marriage VARCHAR(10));
CREATE TABLE member1
 (id INT AUTO_INCREMENT PRIMARY KEY, name VARCHAR(20), address
VARCHAR(20), age SMALLINT);
```

INSERT 命令により，**表 1**，**表 2**，**表 3** のようにデータを入れておく†。このとき，表 1，表 2，表 3 を合わせた氏名と住所の二つのカラムの表がほしければ，下記の SQL 文

```
(SELECT username, address FROM user1) UNION (SELECT guestname, pref
FROM guest1) UNION (SELECT name, address FROM member1);
```

を実行する。phpMyAdmin を使用するときは，これらの SQL 文を格納したファイルをエディタで作成し，インポートして実行したほうが楽である。

表 1 user1

username	address	birthyear
橋本	北海道	1975
内藤	鹿児島県	1980
木村	大阪府	1990

表 2 guest1

guestname	pref	marriage
橋本	北海道	既婚
内藤	鹿児島県	既婚
山田	京都府	独身

表 3 member1

id 主キー，連続番号	name	address	age
1	佐藤	高知県	25
2	青木	東京都	70
3	松本	東京都	45

表 4 UNION 結果

username	address
橋本	北海道
内藤	鹿児島県
木村	大阪府
山田	京都府
佐藤	高知県
青木	東京都
松本	東京都

実行の結果，**表 4** を得る。三つの SELECT 命令内の指定カラム数は 2 で，かつ 1 番目のデータ型 varchar(20) と 2 番目のデータ型 varchar(20) は一致している。表 user1 と表 guest1 の両方に橋本と内藤は重複して出現するが，UNION の場合ダブりは取り除かれ，一つのみが表示される。カラム名は最初の SELECT 命令の指定カラム名が採用される。

```
CREATE TABLE purchase1 (f_year YEAR, id INT, name VARCHAR(20), buy INT);
```

により，**表 5** purchase1 を作成し，INSERT 命令により，データを格納しておく。

例えば，年齢が 65 才以上か，あるいは（OR），年度の購入合計金額が 50 万円以上の氏名を集めた表がほしいとする。和演算は，論理演算としては OR 演算に相当

† 表 1〜表 12 は練習用の表なので，表番号づけは Web ショップの表とは通し番を別にしている。

表5　purchase1

f_year	id	name	buy
2016	1	佐藤	550000
2016	2	青木	400000
2016	3	松本	100000

表6　UNION結果

id	name
2	青木
1	佐藤

するから，つぎのようなUNIONを実行すればよい。

```
(SELECT id, name FROM member1 WHERE age>=65) UNION
(SELECT id, name FROM purchase1 WHERE buy>=500000);
```

結果は**表6**のようになる。

複数の表をある条件に基づきまとめる演算とはなにかを理解してもらうために，まずは和演算を説明した。

3.8.2　内部結合 INNER JOIN

内部結合（INNER JOIN）では，二つの表に共通するカラム名を指定することにより，二つの表を一つに結合する。INNER JOINの構文は

```
SELECT 表名.カラム名, ----- FROM 表1 INNER JOIN 内部結合する表2 ON 表1のカラム名 = 表2のカラム名;
```

である。ONの後ろに二つの表を結合するキーとなるカラム名を指定する。具体的には

```
表1.カラム名 = 表2.カラム名
```

のように，表名とカラム名の間にピリオドを置く。SELECT命令のつぎのカラム名指定において，どちらか一方の表にしか存在しないカラム名を指定する場合は表名を省略できる。

三つ以上の表をINNER JOINすることもできる。構文は

```
SELECT ～ FROM 表名0
  INNER JOIN 表名1  ON 結合条件1
  INNER JOIN 表名2  ON 結合条件2
  -------
  INNER JOIN 表名N ON 結合条件 N;
```

である。内部結合INNER JOINはJOINと記述してもよく，結果は同じである。表3と表5を結合し，id，name，address，age，f_year，buyをカラムとする表は

```
SELECT member1.id, member1.name, address, age, f_year, buy FROM member1
JOIN purchase1 ON member1.id = purchase1.id;
```

により得られる。結果は**表 7** のようである。

表 7　INNER JOIN 結果

id	name	address	age	f_year	buy
1	佐藤	高知県	25	2016	550000
2	青木	東京都	70	2016	400000
3	松本	東京都	45	2016	100000

結合するカラム名が同じ場合には ON の代わりに USING を使用できる。

```
SELECT ～ FROM 表1 JOIN 表2 USING (結合する共通のカラム名);
```

のようにする。例えば，前記の

```
SELECT member1.id, member1, name, address, age, f_year, buy FROM member1
JOIN purchase1 ON member1.id = purchase1.id;
```

は

```
SELECT member1.id, member1.name, address, age, f_year, buy FROM member1
JOIN purchase1 USING (id);
```

と記述することもできる。次項にて述べる外部結合でも USING は使用できる。

では構造が表 3.17 の表 product（データは表 3.13 の「商品」）と構造が表 3.16 の表 warehouse（データは表 3.14 の「倉庫」）を共通のカラム名 housename により，つぎのように INNER JOIN してみる。

```
SELECT product_id,product_name,price,product.housename,address,stock FROM
product JOIN warehouse
ON product.housename=warehouse.housename;
```

表 3.24 のように第 2 正規形に戻った表（表 3.7「商品」と同等）が表示される。

表 3.24　表 product と表 warehouse の INNER JOIN 結果

product_id	product_name	price	housename	address	stock
FC001	イス	8000	家具倉庫	京都府	7
FC002	イス	50000	家具倉庫	京都府	3
FT001	テーブル	150000	家具倉庫	京都府	2
GJ001	ジョウロ	2000	庭用品倉庫	千葉県	13
IG001	ギター	5000	楽器倉庫	大阪府	5
IV001	バイオリン	100000	楽器倉庫	大阪府	3

結合結果としての表に対して，さらにWHERE句により条件を付けて，条件に一致するレコードだけを表示させることができる。例えば，10万円以上かつ60才以上を条件とする場合は

```
SELECT member1.id, member1.name, address, age, f_year, buy FROM member1
JOIN purchse1 ON member1.id = purchase1.id
WHERE (member1.age>=60) AND (purchse1.buy>=100000);
```

とする。結果を**表8**に示す。

表8　INNER JOINとWHEREの結果

id	name	address	age	f_year	buy
2	青木	東京都	70	2016	400000

表9　INNER JOIN結果

username	address
橋本	北海道
内藤	鹿児島県

内部結合では，複数の表に対して，結合するカラムに同じ値のデータがある場合のみ，そのレコードを取り出して結合する。例えば，表1の表user1と表2の表guest1に対して

```
SELECT username, address FROM user1 JOIN guest1
ON user1.username = guest1.guestname;
```

という内部結合を行った結果を**表9**に示す。内部結合するカラムusernameとカラムguestnameにおいて，木村と山田は片方の表にしかないので，そのレコードは取り出されない。つぎに述べる外部結合はすべてのレコードを取り出す。

3.8.3　外部結合OUTER JOIN

外部結合（OUTER JOIN）では，一方の表にあるレコードは，カラム一致の条件に合致しなくても，すべて取り出して結合する。

二つの表の外部結合には，左の表にあるレコードはすべて取り出す**左外部結合**（LEFT JOIN）と，右の表にあるレコードはすべて取り出す**右外部結合**（RIGHT JOIN）がある。

〔1〕　左外部結合（LEFT JOIN）　　左と右の二つの表で条件一致したレコード，および左の表のすべてのレコードを取り出す。左の表が主体である。LEFT OUTER JOINと記述しても結果は同じである。

LEFT JOINの構文は

```
LEFT JOIN 結合するテーブル名 ON 条件;
```

である。表1の user1 と表2の guest1 を以下のように LEFT JOIN してみよう。

```
SELECT username, address, birthyear, marriage
FROM user1 LEFT JOIN guest1
ON user1.username = guest1.guestname;
```

この場合，左の表が user1 で，右の表が guest1 である。結果は**表 10** のようになる。左の表である user1 のレコードはすべて表示されるが，右の表の山田のレコードは表示されない。また，左の表の木村に関して，右の表には対応する木村のレコードはなく，結婚に関するデータ値はないので，カラム marriage のデータ値は NULL となる。

表 10 LEFT OUTER JOIN 結果

username	address	birthyear	marriage
橋本	北海道	1975	既婚
内藤	鹿児島県	1980	既婚
木村	大阪府	1990	NULL

表 11 RIGHT OUTER JOIN 結果

guestname	pref	birthyear	marriage
橋本	北海道	1975	既婚
内藤	鹿児島県	1980	既婚
山田	京都府	NULL	独身

〔2〕 **右外部結合（RIGHT JOIN）**　左と右の二つの表で条件一致したレコード，および右の表のすべてのレコードを取り出す。RIGHT OUTER JOIN と記述しても結果は同じである。右の表を主体としている。

RIGHT JOIN の構文は

```
RIGHT JOIN 結合するテーブル名 ON 条件;
```

である。

```
SELECT guestname, pref, birthyear, marriage
FROM user1 RIGHT JOIN guest1 ON user1.username = guest1.guestname;
```

としてみる。結果は**表 11** のようになる。

右の表である guest1 のレコードはすべて表示されるが，左の表の木村のレコードは表示されない。また，右の表の山田に関して，左の表には対応する山田のレコードはないので，生まれ年に関するデータ値はない。そのためカラム birthyear のデータ値は NULL となっている。

3.9 SELECT 命令の応用

3.9.1 表示結果数の指定

SELECT 命令による検索結果の表示が多すぎるのでこれを制限し，例えばディス

プレイに収まる数にしたいといったときは，LIMIT を使用する。例えば

SELECT * FROM テーブル名 WHERE 条件 LIMIT 件数;

SELECT * FROM テーブル名 WHERE 条件 LIMIT 表示開始行, 件数;

とする。表示開始行は 0 で始まるので，先頭から数えて 4 番目からの 10 件を表示させたければ，LIMIT 3, 10 とする。

3.9.2　レコードの並び順指定

SELECT 命令により表を表示するときに，レコードの表示順を指定するには ORDER BY を使用する。構文は

SELECT * FROM 表名 ORDER BY カラム名;

であり，カラム名の昇順にレコードが表示される。英字カラムならばアルファベット順に表示される。カラム名が数値ならば小さいほうから大きいほうに順に表示される。逆に降順に表示させたいときは ORDER BY カラム名 DESC と記述する。

SELECT * FROM 表名 ORDER BY カラム名1, カラム名2;

とすると，まずカラム名 1 に関して昇順に表示され，カラム名 1 が同一のときは，カラム名 2 に関して昇順に表示される。ある author（小説家）の表に関して

SELECT year, title FROM author ORDER BY year, title;

とすると，まず出版年に関して昇順（古いものから新しいもの）に表示され，出版年が同一のときは，英語書名に関してアルファベット順に表示される。

DESC を入れた場合は，例えば

SELECT * FROM 表名 ORDER BY カラム名1 DESC, カラム名2;

とすると，まずカラム名 1 に関して降順に表示され，カラム名 1 が同一のときは，カラム名 2 に関して昇順に表示される。例えば，商品の表 product に関して

SELECT * FROM product ORDER BY stock DESC, product_name;

とすれば，在庫数の多い順，在庫数が同じならば商品名に関して五十音順にレコードが表示される。

3.9.3　SELECT 命令による計算

SELECT 命令において，検索したデータに対して，さらに各種計算をして表示させることができる。そのための各種計算について説明する。表示に際して計算が実行されるだけなので，表内の元々のデータが書き換わるわけではない。

ここでは集約関数を用いてレコード数，平均値，合計数，最大値，最小値を表示させる例を説明する。

〔1〕 **レコード数**　レコード数を求めるには集約関数 COUNT() を使用する。例えば，表1 user1 の全レコード数，この表の場合，これは全ユーザ数3になっているが，それを求めるには

```
SELECT COUNT(*) FROM user1;
```

とする。また，住所が北海道のユーザ数を求めるには

```
SELECT COUNT(*) FROM user1 WHERE address="北海道";
```

とする。結果は1である。

〔2〕 **合　　計**　集約関数 SUM() を使用する。あるカラムに関して，そのデータ値の合計を求めるには SUM(カラム名) とする。例えば，表 purchase1 における購入金額の合計を求めるには

```
SELECT SUM(buy) FROM purchase1;
```

とする。結果は 1050000 である。

〔3〕 **最 大 値**　集約関数 MAX() を使用する。あるカラムに関して，その中の最大値を取り出すには MAX(カラム名) とする。

表5 purchase1 の購入金額最高値は

```
SELECT MAX(buy) FROM purchase1;
```

とする。結果は 550000 である。

〔4〕 **最 小 値**　集約関数 MIN() を使用する。表5 purchase1 の購入金額最低値のレコードの表示は

```
SELECT * FROM purchase1 WHERE buy IN (SELECT MIN(buy) FROM
purchase1);
```

とする。この例はクエリである SELECT 命令の中にさらにクエリ SELECT 命令が入っている例であり，これをクエリの入れ子といい 3.9.4 項で説明する。

〔5〕 **平 均 値**　集約関数 AVG() を使用する。あるカラムに関する平均値を求めるには AVG(カラム名) とする。例えば，表5 purchase1 の購入金額の平均値を求めるには

```
SELECT AVG(buy) FROM purchase1;
```

とする。350000 が表示される。

3.9.4　サブクエリ（クエリの入れ子）

クエリの中に入れ子で（サブ）クエリを入れ，サブクエリの結果をクエリの入力とすることができる。SELECT 命令，INSERT 命令，UPDATE 命令，DELETE 命令などの中に記述することができる。例えば，表 5 purchase1 において，購入金額最大値の氏名などを含むレコードを表示するには

```
SELECT * FROM purchase1 WHERE buy IN (SELECT MAX(buy) FROM
purchase1);
```

とする。このように SELECT 命令内の WHERE 句の中にさらに丸括弧で囲んで SELECT 命令を入れることができる。すなわち，クエリを入れ子で記述することができ，これを**サブクエリ**（副問い合わせ）という。サブクエリは丸括弧で囲む。

例えば，平均値以上の購入金額の人のレコードの表示はサブクエリを用いて

```
SELECT * FROM purchase1 WHERE buy >= (SELECT AVG(buy) FROM
purchase1);
```

とする。

3.9.5　GROUP　BY

表内のレコードをグループ化することができる。複数のレコードをグループ化するにはなにか共通のもの，基準となるものを指定する必要がある。例えば，あるカラムの値が同じといったことが基準となる。

GROUP BY の構文は

```
SELECT ～ FROM 表名 GROUP BY カラム名;
```

である。集約関数と合わせて用いることにより，より複雑な検索をし，各種統計情報などを取得することができる。例えば，表 3 member1 に関して集約関数 COUNT() と併用し，都道府県名ごとのレコード数，この場合は都道府県ごとの会員数を得ることができる。つぎのようにする。

```
SELECT address, COUNT(*) FROM member1 GROUP BY address;
```

結果表示は**表 12** のようになる。

表 12　GROUP BY と COUNT()

address	COUNT(*)
東京都	2
高知県	1

3.9.6 エイリアス

表名，カラム名は英数字であり，ややこしい長い文字列であったり，逆に適当に省略するため，SQL 文を記述するときに，めんどうくさかったり，逆に表示したときにわかりにくいことがある。そこで Web ショップの管理者など人間にとって，入力しやすい短い名前，あるいはわかりやすい名前を付け直すことができる。この名前を**エイリアス**という。エイリアスとは別の名前という意味である。カラム名にエイリアスを設定する構文は

```
SELECT カラム名1 AS エイリアス1,
       カラム名2 AS エイリアス2,
       ---------
       カラム名N AS エイリアスN
       FROM 表名 WHERE 条件 ;
```

というように複数のカラムにエイリアスを設定することができる。こうすれば条件の部分にエイリアスを使用することができる。

表名にエイリアスを設定するには

```
SELECT ～ FROM
    表名1 AS エイリアス1,
    表名2 AS エイリアス2,
    ----------
    表名N AS エイリアスN
    WHERE 条件 ;
```

とする。この場合も条件の部分にエイリアスを使用することができる。ただし，日本語のエイリアス名を使用する場合は文字化けの問題がある。

3.10 日付時刻関数

ユーザが会員登録した日時，ユーザが商品を注文した日時，注文した商品が届く2週間後の月日，1回目と2回目の注文月日の日数差，など日付や時刻に関連した処理には日付時刻関数を使用する。基本的な日付時刻関数の一覧を**表 3.25** に，DATE_ADD の期間の書式を**表 3.26** に示す。N は負の整数でもよい。

カラムに日付時刻を INSERT し，格納する例を示す。表 sample の構造が**表 3.27** であったとする。つぎの SQL 文を実行する。

表 3.25　日付時刻関数

日付時刻関数	返り値
CURDATE()	現在の月日
CURTIME()	現在の時刻
NOW()	現在の月日と時刻
DAYNAME()	曜　日
DATEDIFF(X,Y)	X と Y の日数の差
DATE_ADD(X, 期間)	X に期間を加算

表 3.26　DATE_ADD の期間の書式

書　　式	意　味
INTERVAL "N" YEAR	N 年後
INTERVAL "N" DAY	N 日後
INTERVAL "N" HOUR	N 時間後

表 3.27　表 sample の構造

カラム名	id	date
データ型	INT AUTO_INCREMENT PRIMARY KEY	DATETIME

```
CREATE TABLE sample (id INT AUTO_INCREMENT PRIMARY KEY, date
DATETIME);
INSERT INTO sample (date) VALUES(NOW());
INSERT INTO sample (date)
        VALUES(DATE_ADD(NOW(),INTERVAL "10" DAY));
INSERT INTO sample (date)
        VALUES(DATE_ADD(NOW(),INTERVAL "-10" DAY));
SELECT * FROM sample;
```

phpMyAdmin での実行結果表示を**図 3.4** に示す。例えば上記のうち，INSERT 命令と SELECT 命令の部分をファイル化し（sample_date. sql），インポートすると楽である。

DATE_FORMAT() 関数により日時の表示の書式を指定することができる。例えば，何年何月何日という書式で表示したければ

図 3.4　時刻日付関数（NOW() と DATE_ADD）

SELECT DATE_FORMAT(カラム名, "%Y年 %m月 %d日 ") FROM 表名 ;

とする。カラム名は日付時刻型のカラムである。% が先頭にくる記号のいくつかとその意味を**表 3.28** に示す。

表 3.28　日時表示書式

記号	意　　味
%Y	西暦年（4 桁）
%m	月（01～12）
%d	日（01～31）
%a	週（San, Mon, ～, Sat）
%H	時（00～23）
%h	時（01～12）

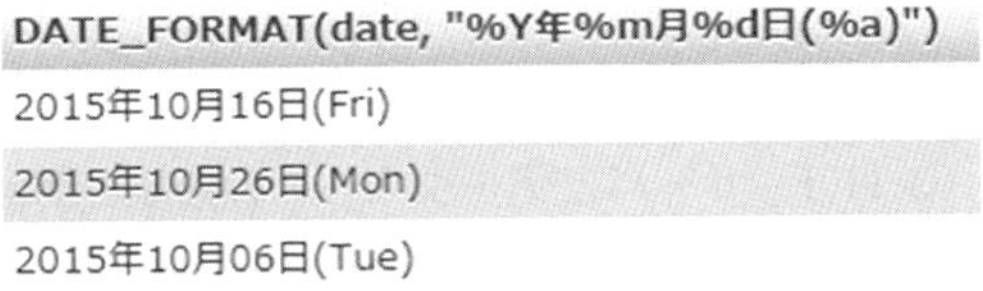

DATE_FORMAT(date, "%Y年%m月%d日(%a)")
2015年10月16日(Fri)
2015年10月26日(Mon)
2015年10月06日(Tue)

図 3.5　DATE_FORMAT による書式設定と結果

SELECT DATE_FORMAT(date, "%Y 年 %m 月 %d 日 (%a)") FROM sample;

を myAdmin から実行した結果を**図 3.5** に示す。

3.11　クライアント・サーバ・データベース間の通信

クライアント（HTML）とサーバ（PHP）とデータベース（MySQL）との送信・受信のステップは以下のようになる。

〔1〕 **クライアントからサーバ**　1 章と 2 章で説明したようにクライアントはフォーム内入力データ（会員登録要求, 商品購入要求, ログイン要求など）を get あるいは post により送信し, サーバでは変数 $_GET あるいは $_POST によりデータを受信する。クライアントからの DB 操作に必要なデータもこのようにしてサーバに送信される。

〔2〕 **サーバからデータベース**　サーバはクライアントからの受信データを基に SQL 文を作成し, MySQL に対して発行する。SQL 文としては DB への会員登録, パスワード検索, 在庫検索などがあり, それに対応した DB 操作（表検索, データ挿入・変更・削除など）が DB で実行される。

〔3〕 **データベースからサーバ**　DB はサーバから送信された SQL 文の処理結果（生成したお客さま ID, パスワード検索結果, 在庫検索結果など）をサーバに送信する。

〔4〕 **サーバからクライアント**　サーバは DB からの受信データを基に処理

（パスワードが一致するかどうかなど）を行い，結果（ログインできたとか，注文を受理したとか，在庫がないとか）をクライアントに送信し，それを受信したクライアントが結果をブラウザ表示する。

本節ではこの流れに沿って説明していく。ステップ〔1〕は2章 PHP で説明したので，ステップ〔2〕から説明を始める。

3.11.1　サーバとデータベースの接続と切断

サーバと DB との接続は，PHP のデータベース接続のためのクラス PDO（PHP Data Object）を使用する。PDO は PHP のための各種 DB 処理用メソッドが完備されたクラスである。

new 演算子により PDO クラスから新たなオブジェクト（インスタンス）を生成する。構文は

```
pdoオブジェクト変数
=new PDO("mysql:host=localhost; dbname=DB名; charset=utf8", "ユーザ名", "パスワード");
```

である。第一引数は DSN（data source name）で

```
DB 種別: host=ホスト名; dbname=DB名; charset=文字コード
```

という構成である。DB 種別は mysql を指定する。mysql とは異なる DB 種別に接続する場合は，DB 種別を変更する。DB 名は webservice，文字コードは utf8，ユーザ名は root，パスワードは ABcd1234 とする。文字コードの uft8 には 8 の前に半角ハイフンはない。DSN 内には DB サーバの待ち受けポート番号指定部分もあるが，MySQL のデフォルト値を使用するので省略する。MySQL への接続と切断の基本構造は**リスト 3-2** のようになる。

リスト 3-2　PHP から MySQL への接続の基本構造

```
1 <?php
2 $pdo
3 =new PDO("mysql:host=localhost;dbname=webservice;charset=utf8","root","ABcd1234");
4 // ここに SQL 文などの処理記述
5 unset($pdo);
6 ?>
```

2～3 行目で PDO オブジェクト変数 $pdo に新たに生成された PDO クラスのオブジェクトが格納される。PDO オブジェクト変数名は変数名の命名規則に従ってい

れば，例えば $db とか $object1 でも構わない。5 行目の unset($pdo); により接続を切断し，$pdo オブジェクトを破棄する。unset は関数ではないので，返り値はない。$pdo=null; としてもよい。unset($pdo); あるいは $pdo=null; がない場合は，プログラムの実行終了時に $pdo オブジェクトは破棄され，接続が切られる。

3.11.2　接続時のエラー処理

リスト 3-2 には接続エラーが起こったときの処理がないので，try と catch によるエラー処理を追加する。

PDO クラスの setAttribute() メソッドによりエラー情報を取得するための設定（各種の属性への値の設定）をする。構文は

```
PDO オブジェクト変数名 -> setAttribute(属性, 属性値);
```

である。まず

```
PDO オブジェクト変数名
-> setAttribute(PDO::ATTR_ERRMODE, PDO::ERRMODE_EXCEPTION);
```

により，エラー発生時の通知方法を指定する属性 PDO::ATTR_ERRMODE に，例外を投げる属性値 PDO::ERRMODE_EXCEPTION を設定する。この設定により，エラー発生時に例外クラスのオブジェクトが投げられる。誰がそれを catch（キャッチ）するかは後述する。

エラー処理には try と catch を使用する。構文は

```
try {
/*接続処理と処理本体の記述。エラーが起こらなければつぎの throw と catch{} は実行されない*/
 throw new 例外クラス(引数);
} catch (例外クラス　オブジェクト変数名){
/*エラー表示などのエラー処理の記述*/
}
```

である。try{} を **try ブロック**，catch{} を **catch ブロック**という。

try ブロック内の処理でエラーが起これば，エラー情報が設定された例外クラス（PDOException クラス）のオブジェクトが投げられる（throw）。PDO におけるエラー処理は PDOException クラスが担当する。そのエラー情報が格納された例外クラスのオブジェクトをキャッチするのが catch ブロックの例外クラスのオブジェクト変数であり，それに基づき catch ブロックが処理される。

tryとcatchによるエラー処理を入れたPHPを**リスト3-3**（connection1.php）に示す。XAMPPを起動し，ApacheとMySQLをStartさせる。connection1.phpをwebshopフォルダに置き，http://localhost/webshop/connection1.phpにアクセスし，[接続完了]が表示されれば，サーバからDBへの接続成功である。

リスト3-3　connection1.php

```
1  <?php
2  try {
3  $pdo=new PDO('mysql:host=localhost;dbname=webservice;charset=utf8',
4                   'root','ABcd1234');
5  $pdo -> setAttribute(PDO::ATTR_ERRMODE, PDO::ERRMODE_EXCEPTION);
6  print " 接続完了 <br>";
7  // いずれここに各種処理を記述する。
8  unset($pdo);
9  } catch (PDOException $error){
10       print " 接続エラー発生 :".$error->getMessage()."<br>";
11 die();
12 };
13 ?>
```

PDOを用いた接続時エラーは，PDOが例外クラスであるPDOExceptionクラスのオブジェクトを投げてくれるので，tryブロック内にthrowを明示的に記述する必要はない。9行目で例外クラスであるPDOExceptionクラスのオブジェクト変数を$errorとしている。オブジェクト変数の名前は変数命名規則に従っていればよい。10行目の$error->getMessage()により，オブジェクト変数$errorに格納されたエラーメッセージをPDOExceptionクラスのgetMessage()メソッドにより取り出す。アロー演算子->で，左のオブジェクトに右のメソッドを適用（メソッド呼出し）する。11行目のdie()によりプログラムは停止する。

3.11.3　ヒアドキュメント

PHPにおいてページをブラウザに表示させるためにはprintやechoを使ってHTMLタグを文字列として出力する。このとき，HTMLタグは文字列だから"あるいは'で囲むが，その文字列の中にさらに"や'が含まれているとエスープ処理などの面倒な指定をしなければならない（2.1.5項）。HTMLには属性値設定などで"や'が多数出現する。またPHPからMySQLに発行するSQL文にも"あるいは'で囲んだ文字列の中にさらに"や'が含まれている場合があり，状況はHTMLと同じである。このようなとき，PHP からの文字列出力に**ヒアドキュメント**を使用すると，変数に文字列を格納することができ便利である。構文は

<<<ラベル
そのまま文字列
ラベル;

である。<<<ラベルが始まりであり，同じラベルが終端ラベルとなる。ヒアドキュメントを使用すると，**そのまま文字列** の中において，エスケープ処理をする必要もないし，ダブルクォートにしようか，それともシングルクォートにしようかと迷う必要もない。なぜならば，**そのままの文字列** は見たままの文字列として扱われるからである。ただし変数は評価される。

例えば

```
1 <?php
2 print "<html><head><title>heredocumentsample</title></head>
3   <body><span style="color:red;"> ヒアドキュメントを使用 </span><br>
4   </body>
5 </html>";
6 ?>
```

は，2 行目と 5 行目の " で囲まれた中に 3 行目でさらに " が含まれているのでエラーとなる。これを回避するためには 3 行目でエスケープシーケンスを使用し

```
1 <?php
2 print "<html><head><title>heredocumentsample</title></head>
3 <body><span style=¥"color:red;¥"> ヒアドキュメントを使用 </span><br>
4 </body>
5 </html>";
6 ?>
```

とするか，あるいは 2 行目と 5 行目にシングルクォートを使用して全体を囲み，その中の 3 行目でダブルクォートを使用し

```
1 <?php
2 print '<html><head><title>heredocumentsample</title></head>
3   <body><span style="color:red;"> ヒアドキュメントを使用 </span><br>
4   </body>
5 </html>';
6 ?>
```

などとしなければならないが，ヒアドキュメントを使用すれば

```
1  <?php
2  $hd =<<<_HERE
3  <html><head><title>heredocumentsample</title></head>
4    <body><span style="color:red;"> ヒアドキュメントを使用 </span><br>
5    </body>
6  </html>
7  _HERE;
8  print $hd;
9  ?>
```

となる。この例の場合 2 行目の _HERE がラベルだが eod でも eos でも PHP のラベルの命名規則に従っていればよい。つまり英数字およびアンダースコアのみを含み，英字またはアンダースコアで始まる必要がある。

<<< ラベルの直後は改行する。終端ラベルである最後の _HERE は行の先頭に置く。その前にスペース，タブを置いてはいけない。_HERE の後ろには ; を置く。このセミコロンの直後は改行する。ヒアドキュメント内に変数があればそれは展開，すなわち評価される。ヒアドキュメントは文字列として扱われるから，" や ' が頻繁に出現する長い SQL 文や HTML タグの記述にはヒアドキュメントを使用すると楽である。

3.11.4　サーバからデータベースへの SQL 文発行

サーバから DB に接続し，3.8 節で作成した練習用の表 3 member1 に新レコードを挿入する SQL 文を発行し，表の全レコードを検索，表示させるプログラムを**リスト 3-4**（member_insert1.php）に示す。表 member1 を作成しておくこと。

7〜9 行目のヒアドキュメントを用いた代入により，$sql に INSERT 命令が格納される。カラム id は自動インクリメントなので 8 行目で値を指定する必要はなく，自動で付与される。

10 行目の $pdo->query($sql); では，PDO クラスのオブジェクト変数 $pdo に query() メソッドを適用しており，query() メソッドの引数に設定した SQL 文が DB に発行される。これにより DB に対して INSERT 命令が発行，実行される。

11 行目で query() メソッドの引数に SELECT 命令を設定し，実行する。返り値は PDOStatement クラスのオブジェクトで，それを $stmt に格納する。このオブ

リスト 3-4 member_insert1.php

```
1  <?php
2  try {
3  $pdo=
4  new PDO('mysql:host=localhost;dbname=webservice;charset=utf8',
5              'root','ABcd1234');
6  $pdo -> setAttribute(PDO::ATTR_ERRMODE, PDO::ERRMODE_EXCEPTION);
7  $sql = <<<_Here
8  INSERT INTO member1 (name, address, age) VALUES (" 斎藤 "," 愛知県 ",55)
9  _Here;
10 $pdo -> query($sql);
11 $stmt = $pdo -> query("SELECT * FROM member1");
12 while ($r = $stmt -> fetch()) {print $r[0].$r[1].$r[2].$r[3]."<br>";}
13 print "INSERT 完了 <br>"; // ここまで処理が進んだときの出力メッセージ
14 unset ($stmt, $pdo);
15 } catch(PDOException $error){
16    print " 接続エラー発生 :".$error->getMessage()."<br>";
17 die();
18 };
19 ?>
```

ジェクトにはSELECT命令の結果の表member1の全レコードが入っており，12行目のwhile文で使用する。

12行目のwhile文の条件式での$stmt->fetch()はPDOStatementクラスのオブジェクトである$stmtにfetch()メソッドを適用している。先頭の1レコードが返り値であり，配列である。それを$rに格納する。この配列はデフォルトで，添字を番号にしても連想キーにしてもよい。表member1のカラムは四つで，添字に番号を使用すれば，$r[0]で1番目カラムidの値，$r[1]で2番目カラムnameの値，$r[2]で3番目カラムaddressの値，$r[3]で4番目カラムageの値を取り出すことができ，それを表示する。while文のつぎの繰り返しではつぎのレコードが返り値である。このwhile文は表member1にまだレコードがあれば{ }内を実行する。レコードがなくなれば条件式の返り値はFALSEとなりwhile文は終了する。

MySQLをStartさせておき，member_insert1.phpを実行すれば表member1の全レコードとINSERT完了がブラウザに表示される。phpMyAdminの表示で確かめてみても，新たなレコード{4　斎藤　愛知県　55}が表member1に挿入されていることを確認できる。このようにしてPHPからMySQLにレコード挿入のSQL文を発行できる。

3.11.5　SQL インジェクション

クライアントからサーバへ送信されたデータに基づき，サーバがDB の表のレコードを検索する例を説明する。

ここにはSQL 文発行の部分の脆弱性を突いて，悪意のSQL 文を実行させ，DB への不正アクセスをするという **SQL インジェクション**の可能性がある。SQL 文

```
CREATE TABLE tb (id INT, product VARCHAR(20), price INT);
INSERT INTO tb VALUES(1, "イス", 7000);
INSERT INTO tb VALUES(2, "ギター", 30000);
INSERT INTO tb VALUES(3, "テーブル", 70000);
```

を実行し，**表 3.29** のような表 tb をデータベース webservice に作成する。上記SQL 文を格納したファイル sample_create_insert.sql を作成しておき，phpMyAdmin で New を選択し，テーブル名入力画面でこのファイルをインポートし，表 tb を作成するほうが楽である。

つぎに sqlinjection.html（**リスト 3-5**）を作成し，**図 3.6** の送信フォームを表示

表 3.29　表 tb

id	product	price
1	イス	7000
2	ギター	30000
3	テーブル	70000

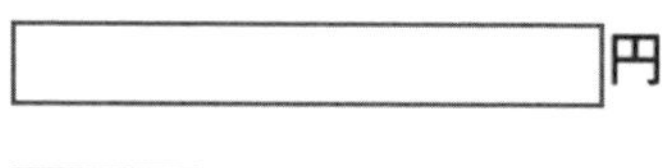

図 3.6　送信フォーム

リスト 3-5　sqlinjection.html

```
1  <!DOCTYPE html>
2  <html lang="ja">
3  <head>
4  <meta charset="utf-8">
5  <title>SQL インジェクション例 </title>
6  </head>
7  <body>
8  <form action="sqlinjection.php" method="post">
9  <p> 価格を入れて商品を検索 </p>
10 <p><input type="text" name="price"> 円 </p>
11 <p><input type="submit" value=" 送信 "></p>
12 </form>
13 </body>
14 </html>
```

させる。8行目で送信先URLをこれから作成するsqlinjection.phpとし，10行目で送受信データ識別名をpriceとしている。ある価格の商品を検索したいユーザは価格（いま，3種類しかないが）を入力し，送信ボタンを選択する。

サーバで受信するsqlinjection.phpを**リスト3-6**に示す。

リスト3-6 sqlinjection.php

```
1  <?php
2  try {
3  $price= htmlspecialchars($_POST["price"],ENT_QUOTES,"UTF-8");
4  $pdo=
5  new PDO("mysql:host=localhost;dbname=webservice;charset=utf8",
6              "root","ABcd1234");
7  $pdo->setAttribute(PDO::ATTR_ERRMODE,PDO::ERRMODE_EXCEPTION);
8  $sql = "SELECT * FROM tb WHERE price=$price";
9  $stmt=$pdo -> query($sql);
10 while ($row = $stmt->fetch()) {
11   print $row[2]." 円の商品は " . $row[1] . " です。<br>";}
12 unset($pdo);
13 } catch (PDOException $error){
14     print " 接続エラー発生 :".$error->getMessage()."<br>";
15 die();
16 };
17 ?>
```

3行目の$_POSTで送受信データ識別名priceの送信データを受信する。そして，悪意のタグの混入を防ぐため2.10.3項で説明したhtmlspecialchars()関数でタグを無効化してから変数$priceにデータを代入している。

4〜6行目でデータベースwebserviceに接続する。8行目においてSELECT命令で始まるSQL文を$sqlに格納する。9行目のquery()メソッドによりSQL文（SELECT命令）が実行され，条件であるWHERE句のprice=$priceを満たすレコードが検索される。そして検索結果の返り値であるPDOStatementクラスのオブジェクトが$stmtに格納される。$stmtに格納されたレコードを10〜11行目のwhile文で表示する。条件式のfetch()メソッドにより，検索結果のレコードを繰り返しごとに1行ずつ順に取得し，{}内の処理により表示する。

例えば，図3.6のテキストフィールドに7000と入力して，送信ボタンをクリックすると，クライアントからの送信データを受信したサーバからDBに対してSELECT * FROM tb WHERE price=7000; が実行され，DBからの検索結果に基づき，サーバがクライアントにHTMLを送信し7000円の商品はイスです。とブラウザ表示される。このリスト3-6（sqlinjection.php）にはSQL文発行の部分に脆弱性があり，SQLインジェクションを受けてしまう可能性がある。

例えばテキストフィールドに

```
30000;delete from tb
```

と入力して，送信ボタンを選択するとSELECT * FROM tb WHERE price=30000; が実行され30000円の商品はギターです。と表示される。しかし，引き続くSQL文

```
delete from tb
```

も実行されてしまい，SQLインジェクションが成功し，phpMyadminの表示で確認すると，表tbの全レコードが削除されてしまっている。二つのSQL文，これを複文というが，それが実行されてしまっている。

表3.29の表を再度，構築し，例えばテキストフィールドに

```
70000;update tb set price=10
```

と入れると，70000円の商品はテーブルです。と表示されるが，phpMyAdminで確認すると，SQLインジェクションの結果，全商品の価格が10円に変更されてしまっている。

表名tbはわからないだろうと高をくくってはいけない。攻撃者は執念深い作業の結果，それを突き止める可能性がある。悪意がなくてもセミコロンをうっかり混入させる可能性もある。このようなSQLインジェクションを防止するのが，次項のプリペアドステートメント（静的プレースホルダ）である。プレースホルダには静的と動的があるが，次項で述べるのは静的プレースホルダである。

3.11.6　プリペアドステートメント

安全性を高め，高速動作を図る手法の一つが**プリペアドステートメント**である。プリペアドステートメントは**静的プレースホルダ**とも呼ばれる。

プリペアドステートメントのプリペアド（prepaired）は前もって準備しておくという意味である。クライアントから入力された値とSQL文の変数との結合に先立ち，MySQLがSQL文を解析し，構造を決定し，結果としてのプリペアドステートメントを前もってキャッシュしておく。よって同じSQL文を再度実行するときにはキャッシュを利用し，入力値との結合のみ行うことにより高速化を図ることができる。プリペアドステートメントとクライアントから入力された値の結合を分離

独立させることで安全性を高める。結合される値のデータ型は，プリペアドステートメントの変数のデータ型と同じでなければならない。データ型が整数である変数への入力値の中にSQL文として解釈できてしまうような文字列が混入されたとしても，それらは無視され，混入文字列をSQL文として実行しないので安全性が高まる。プリペアドステートメントはPDOStatementクラスであり，そのメソッドにbindParam()，bindValue()などがある。

3.11.7　プレースホルダ

プリペアドステートメントはプレースホルダにより実現される。SQL文の値の部分に**プレースホルダ**と呼ばれる識別子を置く。プレースホルダには，**名前付きプレースホルダ**とクエスチョンマーク？の付いた**疑問符プレースホルダ**がある。

例えば

```
$sql="INSERT INTO tb (id, name, price) VALUES (:id, :name, :price)";
```

とすると :id と :name と :price が名前付きプレースホルダである。名前付きプレースホルダではコロン : の後にプレースホルダ名を書く。

疑問符プレースホルダの場合は名前の代わりに？を用いて

```
$sql="INSERT INTO tb (id, name, address) VALUES (?,?,?)";
```

となる。htmlspecialchars() 関数もプレースホルダも使用しなければ，例えば

```
$sql="INSERT INTO tb (id, name, price)
VALUES ($_POST['id'], $_POST['name'], $_POST['price'])";
```

のようになり，クライアントから $_POST で受信したデータがそのままデータベースへの送信データに結合され，SQL文が発行され，危険である。

プレースホルダを用いた場合，SQL文を解析し，プリペアドステートメントを作成する prepare() メソッドの実行後の execute() メソッド実行時に，初めてクライアントからの送信データがSQL文の変数に結合される。

データベース接続部分を**リスト3-7**（db_connect.php）とし，今後，データベース接続時に require 文により db_connect.php を実行する。

プリペアドステートメント（静的プレースホルダ）を使用するためには PDO クラスの setAttribute() メソッドを用いて，リスト3-7の5行目の

```
$pdo->setAttribute(PDO::ATTR_EMULATE_PREPARES, false);
```

という設定が必要である。$pdo には2〜3行目で PDO クラスのオブジェクトが格

リスト 3-7　db_connect.php

```
1  <?php
2  $pdo
3  =new pdo("mysql:host=localhost;charset=utf8;dbname=webservice","root","ABcd1234");
4  $pdo->setAttribute(PDO::ATTR_ERRMODE, PDO::ERRMODE_EXCEPTION);
5  $pdo ->setAttribute(PDO::ATTR_EMULATE_PREPARES,false);
6  ?>
```

納されている。5行目の設定はSQL文をセミコロン；で区切って複数記述したSQL複文の実行（リスト3-6のようなSQLインジェクション）を防止することができ，安全性が高まる。

リスト3-6（sqlinjection.php）を編集し，名前付きプレースホルダを導入したプログラムを**リスト3-8**（placeholder.php）に示す。リスト3-5のsqlinjection.htmlの8行目のsqlinjection.phpをplaceholder.phpに変更し，placeholder.htmlに保存する。

リスト 3-8　placeholder.php

```
1  <?php
2  try {
3  require "db_connect.php";
4  $sql = "SELECT * FROM tb WHERE price=:price";
5  $stmt=$pdo -> prepare($sql);  //prepare() メソッド実行
6  $price= htmlspecialchars($_POST["price"],ENT_QUOTES,"UTF-8");
7  $stmt->bindValue(":price",$price, PDO::PARAM_INT);  // 値の結合
8  $stmt->execute();
9  while ($row = $stmt->fetch()) {
10   print $row[2]." 円の商品は " . $row[1] . " です。<br>";}
11 unset($pdo,$stmt);
12 } catch (PDOException $error){
13    print " 接続エラー発生 :".$error->getMessage()."<br>";
14 die();
15 };
16 ?>
```

3行目でデータベース接続され，5行目のprepare()メソッド実行により，$sqlの中のSQL文が解析され，返り値であるPDOStatementクラスのオブジェクトであるプリペアドステートメントが$stmtに格納される。この段階ではプリペアドステートメントが準備されただけで，プレースホルダにまだ値は結合されていない。

3.11.8 プレースホルダへの値の結合

プレースホルダに値を設定することを，プレースホルダと値を結合（バインド）するという。結合のための2種類のメソッドがある。

〔1〕 **bindValue() メソッド**　PDOStatement クラスの bindValue() メソッドは，プリペアドステートメント内の対応する名前あるいは疑問符プレースホルダに値を結合（バインド）する。具体的には，bindValue() メソッドは第一引数に，名前付きプレースホルダの場合は :プレースホルダ名，疑問符プレースホルダの場合は，1から始まる整数値を指定する。第二引数には結合する値を指定する。

第三引数にデータ型を指定する。デフォルトは文字列 PDO::PARAM_STR である。整数は PDO::PARAM_INT である。リスト 3-8 の 7 行目の bindValue() メソッド実行によりプレースホルダ :price に変数 $price の値が結合される。

SQL 文を実行するには PDOStatement クラスの execute() メソッドを呼び出す。8 行目の PDOStatement クラスのオブジェクト $stmt への execute() メソッド呼出しにより，SELECT 命令が発行される。

〔2〕 **bindParam() メソッド**　PDOStatement クラスの bindParam() メソッドはプレースホルダに変数を結合する。bindValue() メソッドと異なり，プレースホルダは変数と結合されているだけであり，execute() メソッドが呼び出されたときに変数は評価され，その評価結果としての値がプレースホルダに結合される。すなわち，bindParam() メソッド実行時には，プレースホルダと変数の箱が結び付けられているだけである。bindParam() メソッド実行前に変数にすでに値が入っていたとしても（つまり箱の中に値が入っていたとしても），execute() メソッド呼出しまでの間に，変数の値が変更される（変数の箱の中身が変更される）と，execute() メソッド実行時には変更後の値が結合される。

リスト 3-8 においては，7 行目の bindValue() メソッド実行後，execute() メソッドの実行までの間に変数 $price の値は変更されないので，この場合は，bindValue() でも bindVParam() でも同じである。

リスト 3-8（placeholder.php）を疑問符プレースホルダ使用で書き換えるには，リスト 3-8 の 4 行目を

```
$sql = "SELECT * FROM tb WHERE price=?";
```

に，7 行目を

```
$stmt->bindValue(1, $price, PDO::PARAM_INT);
```

とする。疑問符プレースホルダだから bindValue() メソッドの第一引数に 1 から始まる整数値を指定する。この場合，疑問符プレースホルダは一つだから 1 である。

表 tb を初期状態の表 3.29 に戻す。今回は，placeholder.html を実行し，図 3.6 のテキストフィールドに 30000;delete from tb と入力し，送信ボタンを選択しても，プリペアドステートメントを用いているので，表 tb の全レコードが削除されるようなことはない。図 3.6 のテキストフィールドに 70000;update tb set price=10 と入力し，送信ボタンを選択しても，表 tb の全レコードの price が 10 円になってしまうようなことはない。プリペアドステートメント（静的プレースホルダ）を用いることにより安全性が高まった。

クライアント・サーバ・データベース間の通信の説明が完了した。次章 4 章においてこれまでの知識を活用し，Web ショップを開設する。

Web ショップ開設

1章から3章にかけて作成してきた Web ショップのプログラムの未完成部分を本章で作成し，ショップを開設する。未完成部分は，新規会員登録処理，ログイン処理，商品購入と在庫管理処理である。

4.1 完成版に向けたプログラム修正と保存

完成版作成に向けてプログラムの修正とファイル名変更を行う。Web ショップの全ファイルはドキュメントルート（C:¥xampp/htdocs/webshop）に保存する。

ステップ1： index2.html の 15～18 行目，login2.html，product2.html，registration2.html の 14～17 行目の数字2を3に変更し（例えば index2 は index3 に），それぞれ index3.html，login3.html，product3.html，registration3.html に保存する。

ステップ2： login3.html の 23 行目の handling2 を handling3 に変更する。

ステップ3： product3.html の 42 行目の "データ送信先 URL" を "purchase_handling3.php" とする。このプログラムはこれから作成する。

ステップ4： registration3.html の 24 行目の handling1 を handling3 に変更する。

ステップ5： shop_index2.php の 21～25 行目，そして shop_login2.php，shop_product2.php, shop_registration2.php の 20～24 行目の数字2を3に変更し（例えば index2 は index3 に），それぞれ shop_index3.php，shop_product3.php，shop_registration3.php，shop_login3.php に保存する。

ステップ6： shop_index3.php，shop_login3.php，shop_product3.php，shop_registration3.php において確認などのために PHPSESSID を表示させていた 16 行目の [print "<p>".session_name()." は ". session_id()."</p>";] を削除する（もし読者が必要とするならば残しても構わない）。15 行目の id を以下のように

name に変更する（これは必ず変更すること）†。

```
print "<p>".$_SESSION["name"]."様、ログイン後".$vcount."回目のページ閲覧です。
</p>";
```

この変更をそれぞれ shop_index3.php，shop_product3.php，shop_registration3.php，shop_login3.php において実行し，上書きする。

ステップ 7：　shop_login3.php の 30 行目の handling2 を handling3 に変更する。

ステップ 8：　shop_product3.php の 49 行目の "データ送信先 URL" を "purchase_handling3.php" とする。このプログラムはこれから作成する。

ステップ 9：　shop_registration3.php の 31 行目の handling1 を handling3 に変更する。

ステップ 10：　registration_handling1.php の 22〜25 行目の数字 1 を 3 に変更し（例えば index1 を index3 に），registration_handling2.php に保存する。

ステップ 11：　login_handling2.php の 29〜33 行目，logout_handling2.php の 25〜28 行目の数字 2 を 3 に変更し，それぞれ login_handling3.php，logout_handling3.php に保存する。

ステップ 12：　logout_handling3.php の 14 行目を $guestname=$_SESSION ["name"] に変更し，18 行目の $guestdid を $guestname に変更する。

4.2 新規会員登録

4.2.1 クライアントからの登録要求

1 章の図 1.60（リスト 1-51　index1.html）が Web ショップの店舗トップページである。ここの主要ナビゲーションの新規会員登録を選択（左クリック）すると新規会員登録ページ（リスト 1-56　registration1.html）に飛ぶ。ページ表示は図 1.56 に header 要素と footer 要素を付けた表示である。Web ショップの各種サービスを受けることを希望するお客さまは氏名，パスワード，電子メールアドレスを入力，住所を選択し，登録ボタンを選択する。これら顧客データがクライアントからサーバに送信される。

† 以下のプログラムの抜粋は 2 行で表示されているが，実際には 1 行のものである。

4.2.2 サーバでの登録処理

顧客データを登録するための表 member は，3.5.7 項において phpMyAdmin を用いてデータベース webservice に作成した。クッキー（2.11 節）を使用するので，クッキーをブロックする設定にしている場合は，それを解除しておく。

registration_handling2.php の 12〜18 行目の <?php 〜 ?> の部分を**リスト 4-1** で置き換え，registration_handling3.php に保存する。リスト 4-1 の PHP ブロックが新規会員登録処理をする。

リスト 4-1　registration_handling3.php の一部

```
1  <?php
2  try {
3  require "db_connect.php";
4  $sql="INSERT INTO member (name, pw, mail, address)
5   VALUES (:name, :pw, :mail, :address)";
6  $stmt=$pdo->prepare($sql);
7  $guestname = htmlspecialchars($_POST["guestname"],ENT_QUOTES,"UTF-8");
8  $stmt->bindValue(":name",$guestname);
9  $guestpw = htmlspecialchars($_POST["guestpw"],ENT_QUOTES ,"UTF-8");
10 $hash = password_hash($guestpw, PASSWORD_DEFAULT);
11 $stmt->bindValue(":pw",$hash);
12 $mail = htmlspecialchars($_POST["mail_ad"],ENT_QUOTES ,"UTF-8");
13 $stmt->bindValue(':mail',$mail);
14 $pref = htmlspecialchars($_POST["prefecture"],ENT_QUOTES ,"UTF-8");
15 $stmt->bindValue(":address",$pref);
16 $stmt->execute();
17 $id = $pdo->lastInsertId();   // いま登録した member_id の取得
18 print "<p>" . $guestname . " 様、会員登録ありがとうございます。</p>";
19 print "<p> お客さま ID は ". $id . " です。</p>";
20 unset($pdo,$stmt);
21 } catch (PDOException $e) {
22 print "<p> 接続失敗 ". $e->getMessage() . "</p>";  die();
23 };
24 ?>
```

リスト 4-1 の 3 行目でデータベース webservice に接続する。

4〜16 行目にかけて，名前付きプレースホルダを用いた INSERT 命令により，表 member にその顧客データ（氏名，パスワード，電子メールアドレス，住所）を格納する。表 member のカラム member_id には MySQL の連続番号機能を用いて 1 から始まる整数が自動設定されるので，INSERT 命令のカラムに member_id を指定していない。お客さま ID はこの member_id の値とする。

10 行目の password_hash() 関数により，第一引数のユーザが入力したパスワードの文字列が暗号化される。password_hash() 関数については 4.2.3 項で説明する。

8 行目以降の bindValue() メソッドにより値がプレースホルダに結合され，16 行目の execute() メソッドで INSERT 命令が実行され，顧客データが表 member に格納される。

17 行目の lastInsertId() は PDO クラスのメソッドである。直近の INSERT 命令により挿入されたレコード内の AUTO_INCREMENT 属性値（連続番号機能を用いて生成された値）が指定されたカラム，この場合は member_id の値を返り値とする。よって member_id の値，すなわちお客さま ID が $id に代入される。

18～19 行目でサーバはクライアントに新規会員登録メッセージとお客さま ID を送信する。受信したクライアントは店舗トップページにそれらを表示する。

4.2.3　パスワードの暗号化

〔1〕 **hash() 関数**　hash() 関数によりユーザが入力した元々のパスワード文字列をハッシュ値に変換する。**ハッシュ値**というのは，元々のパスワード文字列に逆変換しにくい，人間にとって無味乾燥な，暗号化された文字列である。そして，そのハッシュ値をデータベースの表に格納する。このようにしておくと，データベースの表が漏えいしてお客さま ID が攻撃者にわかってしまっても，ハッシュ値はパスワード文字列とは異なるから，図 1.49 などのパスワード欄にハッシュ値を入力してもログインできない。さらに，ハッシュ値から元々のパスワード文字列を計算により求めるにはきわめて長い時間を要する。よって，パスワード文字列の代わりにそのハッシュ値を DB の表に格納することにより安全性が高まる。hash() 関数としては，md5() 関数 , sha-256() 関数などが知られている。パスワード文字列の文字数が少なく，かつ意味のある文字列（名前とか誕生日とか）にしてしまうと，短時間でハッシュ値からパスワード文字列が求まる危険性が高まる。パスワード文字列数を 20 文字以上，かつ意味のない，例えば乱数にすれば安全性はかなり高まるが，そのようなパスワードをユーザが記憶しておくことは難しく，実用的でない。そこでパスワード文字列の文字数が 8 文字程度でも安全性の高い password_hash() 関数（リスト 4-1 の 10 行目）が使用される。

〔2〕 **password_hash() 関数**　password_hash() 関数においては，まずは第一引数の元々のパスワード文字列にソルトと呼ばれる文字列を自動付加する。ソルト

を付加することにより，パスワード文字列数を20文字程度に増加させてからハッシュ値を求めることにより，安全性を高めようという手法である。ユーザは，ログイン時に元々のパスワード文字列を入力するので，ユーザを同定するためには，同じユーザならば同じソルトを使用する必要がある。かつ，異なるユーザに対しては異なるソルトを使用し，複数のユーザのパスワードがたまたま同じであったとしても，異なるハッシュ値に変換され，異なるユーザであることが判定できるようする。

password_hash() 関数は，ランダムなソルトを自動生成して使用するが，生成アルゴリズムとともに使用したソルトもハッシュ値の一部として返す。つまり，同じユーザなのか異なるユーザなのかをチェックするために必要なデータはハッシュ値に含まれている。そのため password_verify() 関数（4.3.2項）で，ログイン時に入力される元々のパスワード文字列とデータベースに登録されているハッシュ値が同一かどうかをチェックするときに，password_verify() 関数の実行に先立ちソルトやアルゴリズムのデータにアクセスし，それらを引数に指定する必要はない。

password_hash() 関数の第一引数は元々のパスワード文字列であり，第二引数の PASSWORD_DEFAULT はデフォルトのアルゴリズムを用いてハッシュ値を求めることを指定する定数である。ハッシュ値からパスワード文字列を短時間で求める方法がセキュリティ分野で研究されており，password_hash() 関数を使用すれば100% 安全ということではない。

4.2.4 プログラム実行

XAMPP を起動し，Apache と MySQL を Start させておく。

http://localhost/webshop/index3.html にアクセスし，Web ショップの店舗トップページが表示されたら，主要ナビゲーションの新規会員登録を選択し，新規会員登録ページに飛び，氏名に青木一郎，パスワードに abc123，電子メールアドレスに適当なアドレス（aoki@mail.com）を入れ，住所を東京都にし，登録ボタンを選択する。登録処理が無事に完了すると，店舗トップページのヘッダー部に，会員登録完了とお客さま ID が**図 4.1** のように表示される。なお，[パスワードを保存しますか？] と表示されたら，[このサイトではしない] あるいは [いいえ] などを選択する。phpMyAdmin で表 member を表示させると**図 4.2** のように新規会員登録されている。pw カラムには暗号化されたパスワードが入っている。

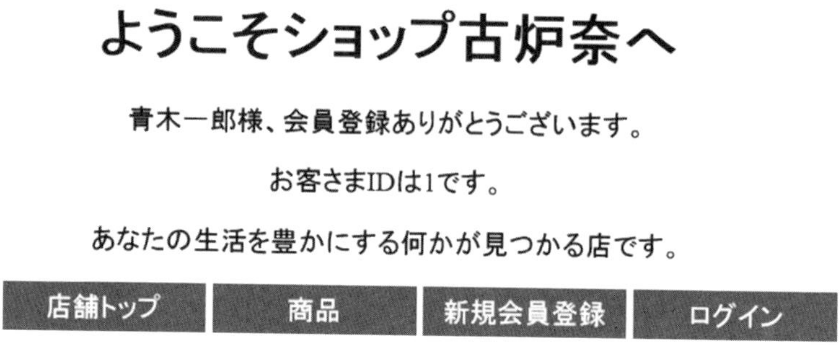

ようこそショップ古炉奈へ

青木一郎様、会員登録ありがとうございます。

お客さまIDは1です。

あなたの生活を豊かにする何かが見つかる店です。

店舗トップ　商品　新規会員登録　ログイン

図 4.1　新規会員登録の完了

member_id	name	pw	mail	address
1	青木一郎	$2y$10$DAYLZfwG.AfUy.UmbANfUOD9VA.t6goMSdcicsEi6QD...	aoki@mail.com	東京都

図 4.2　表 member の表示

プログラムにバグがある場合，デバッグしながら上記の実行を繰り返すと，member_id が自動インクリメントされて，増加していってしまうことがある。これを初期化するには phpMyAdmin のメニュー SQL を選択し，以下の SQL 文を入力し，[実行] を選択する。

```
TRUNCATE TABLE member;
```

ただし，これを実行すると，表 member の全レコードが削除されてしまう。

電子メールアドレスはデータベース webservice の表 member に登録されるが（図 4.2），電子メールでお客さま ID を通知する方法など電子メールを使ったサービスに関しては本書では説明しない。電子メール送信に関わるメーラ設定などが可能な学校，組織，読者においては，この電子メールアドレスを使用して，Web ショップをさらによりよいものにしてほしい。

4.3 ロ グ イ ン

会員登録済みのお客さまは会員として Web ショップにログインできる。ログインページ（図 1.49）において，お客さま ID とパスワードを入力して，ログインボタンを選択すればログインできるようにする。まず，ログイン情報を受信する login_handling3.php の <?php～?> の部分を

```
<?php
```

```
require_once("login_init3.php");
?>
```

として，login_handling3.php に上書きする。login_init3.php は 4.3.2 項にて作成する。

4.3.1 セッション ID 固定化攻撃

session_start() 関数を実行し，セッション ID を発行し，それを使用し続けていると，ユーザが知らない間にセッション ID が攻撃者指定の ID に固定化され，攻撃者がログイン処理を完了し，セッションハイジャックされる可能性がある。これに対しては，ログイン認証直後に session_regenerate_id() 関数を実行し，セッション ID を再生成することにより**セッション ID 固定化攻撃**を防ぐ。session_regenerate_id() 関数を実行すると，セッション ID（PHPSESSID クッキーの値）は新しく再生成される。一方，session_regenerate_id() 関数を実行してもスーパーグローバル変数 $_SESSION の内容，すなわちセッション変数の内容はそのままである。よってセッション変数の内容は持ち回ることができる。

```
session_start();  //セッションの開始，継続
//ログイン認証処理がここに入る。
session_regenerate_id(true);  //セッション ID の再生成
```

のようにする。

session_regenerate_id() 関数の第一引数を true にして，古いセッション ID など古いセッション情報を保存していたファイルを削除する。

本書の Web ショップはセッションハイジャック対策のため，ログインページのログインボタンの選択，商品ページの購入ボタンの選択の 2 箇所のログイン処理要求があったとき，ログイン認証の直前に session_start(); でセッションを開始，接続し（リスト 4-2 の 3 行目など），お客さま ID とパスワードによる認証成功直後の 14 行目で session_regenerate_id(true); によりセッション ID を再生成している。

4.3.2 処理プログラム

リスト 4-2 にログイン処理を担当する login_init3.php を示す。

リスト 4-2 の 3 行目でセッションを開始する。

5 行目の if 文の条件式は，まだログインしていない場合（$_SESSON が存在しな

リスト 4-2 login_init3.php

```
1  <?php
2  try {
3  session_start();
4  $guestid = htmlspecialchars($_POST["guestid"],ENT_QUOTES,"UTF-8");
5  if(!isset($_SESSION["id"])or($guestid==$_SESSION["id"])){  //未ログイン or  id 一致
6   require("db_connect.php");
7   $sql="SELECT * FROM member WHERE member_id = :id";
8   $stmt=$pdo->prepare($sql);
9   $stmt->bindValue(":id",$guestid);
10  $stmt->execute();
11  $r = $stmt->fetch();
12  $guestpw = htmlspecialchars($_POST["guestpw"],ENT_QUOTES,"UTF-8");
13  if (password_verify($guestpw,$r["pw"])){  //パスワード一致
14   session_regenerate_id(true);
15   if(isset($_SESSION["visit"] )){
16      $vcount =++$_SESSION["visit"];
17      print "<p>".$_SESSION["name"]." 様、ログイン後 ".$vcount." 回目のページ閲覧
18 です。</p>";
19     // print "<p>".session_name()." は ". session_id()."</p>";
20   }
21   else {
22      $_SESSION["visit"]=0;
23      $_SESSION["name"] = $r["name"];
24      $_SESSION["id"] = $guestid;
25       print "<p>".$r["name"]." 様、ログインしました。</p>";
26      print "<p>".session_name()." は ". session_id()." です。</p>";
27   }
28  }
29  else {print "<p> 会員情報に誤りがあります。</p>";  //パスワード不一致
30   if (isset($_SESSION["id"])) {  //一度はログイン成功
31    session_destroy();
32    $_SESSION=array();
33    setcookie("PHPSESSID","",time()-1000,"/");
34    print "<p> ログアウトしました。</p>";
35   }
36  }
37 }
38 else {
39  print "<p> 会員情報に誤りがあります。</p>";  //ログインしていて id 不一致
40  session_destroy();
41  $_SESSION=array();
42  setcookie("PHPSESSID","",time()-1000,"/");
43  print "<p> ログアウトしました。</p>";
44  }
45 unset($pdo,$stmt);
```

```
46 } catch (PDOException $e) {print "<p> 接続失敗 ". $e->getMessage() . "</p>";
47 die();};
48 ?>
```

い。isset() 関数に否定演算子！が付いている)，あるいは4行目で $guestid に代入したお客さま ID とすでログインしていたときの $_SESSON["id"] が等しい場合に，TRUE となる。すでにログインしていて，新たに入力したお客さま ID が不一致のときは FALSE で39行目に飛び，セッションを閉じ，ログアウトする。

未ログインかお客さま ID が一致した場合は，6行目でデータベース webservice に接続する。7～10行目の名前付きプレースホルダを用いた SELECT 命令により，表 member から入力お客さま ID と一致するレコードを検索する。11行目で検索結果を $r に格納する。

13行目の password_verify() 関数でパスワードが一致するかどうかの処理をする。password_verify() 関数の第一引数はユーザの元々のパスワード文字列，第二引数は会員登録時に password_hash() 関数により生成されて表 member に格納されていたハッシュ値である。パスワード一致ならば TRUE，不一致ならば FALSE を返す。パスワードが一致したら14行目でセッション ID を再生成し，不一致なら29行目に飛ぶ。

15行目の if 文の条件式は，すでにログインに成功していれば，$_SESSION ["visit"] は存在するので TRUE であり，ページ閲覧回数を示す visit を1増加させる。17～19行目はデバッグも兼ねた表示なので，不要であれば削除あるいはコメントアウトする。ただし，$_SESSION["visit"] は他の PHP ブロックでも使用しており，統計情報として有用なので，+1増加の16行目は削除しない。

$_SESSION["visit"] が存在しなければ15行目は FALSE なので，21行目に飛び，セッション変数 visit，name，guestid に値を代入し，25行目でログインしたことをクライアントに表示する。26行目の PHPSESSID 表示は不要ならば削除する。

13行目の password_verify() 関数の返り値が FALSE の場合は29行目に飛んできて，入力情報の誤り表示をする。30行目の if 文の条件式は，一度でもログインに成功していれば24行目で $_SESSION["id"] に値が入っていて TRUE になるので，ログアウト処理をするとともに，[ログアウトしました。] を表示をする。

4.3.3 ログイン失敗処理

ログイン認証において失敗した場合の対処のために login_handling3.php を修正する。まず**リスト 4-3**（login_after3.php）を作成する。

リスト 4-3 login_after3.php

```
1  <?php
2  if (isset($_SESSION["name"])) { // ログイン成功の時
3  print "<li><a href='shop_index3.php'> 店舗トップ </a></li>
4  <li><a href='shop_product3.php'> 商品 </a></li>
5  <li><a href='shop_registration3.php'> 新規会員登録 </a></li>
6  <li><a href='shop_login3.php'> ログイン </a></li>
7  <li><a href='logout_handling3.php'> ログアウト </a></li>";
8  }
9  else { // ログイン失敗の時
10 print "<li><a href='index3.html'> 店舗トップ </a></li>
11 <li><a href='product3.html'> 商品 </a></li>
12 <li><a href='registration3.html'> 新規会員登録 </a></li>
13 <li><a href='login3.html'> ログイン </a></li>";
14 };
15 ?>
```

そして，login_handling3.php の 17 行目からの <ul>〜</ul> を

```
<ul>
<?php
require_once "login_after3.php";
?>
</ul>
```

に置き換える。

4.3.4 プログラム実行

〔1〕 **ログイン実行**　index3.html を実行し，ログインページにおいて，4.2 節で会員登録した青木一郎でログインする。お客さま ID を 1，パスワードを abc123 とし，ログインボタンを選択する。正しく入力すれば，**図 4.3** のメッセージが表示される。セッション ID 表示はまだ削除していなので，PHPSESSID とその値が表示される。主要ナビゲーションにより，他のページに移動するとページ閲覧回数が表示される。本ショップでは商品購入時にもお客さま ID とパスワードの入力を要求するので，ログアウトせずに何回でもログイン可能であり，その場合，login_

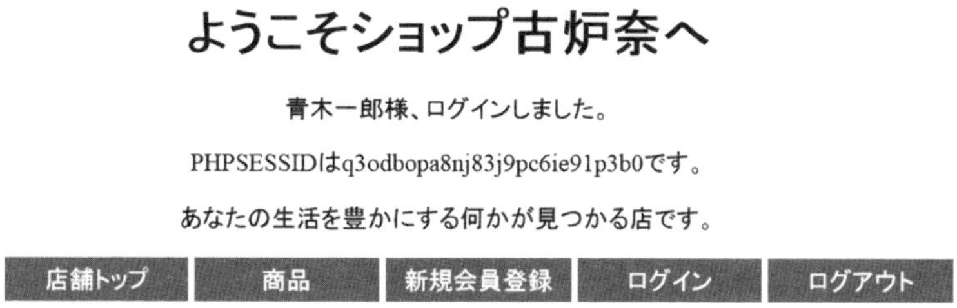

図 4.3 ログイン成功の表示

init3.php の 15 行目の条件式の $_SESSION["visit"] は存在するので，16 行目で visit は+1 される。よって閲覧回数は最初のログイン成功からの閲覧回数の累計になる。

お客さま ID あるいはパスワードを間違って入力したような場合は不一致なので，エラーメッセージ [会員情報に誤りがあります] が表示される。攻撃者に対して，有意な情報を与えることを避けるため，お客さま ID に誤りがあるのか，パスワードに誤りがあるのかなどの情報は明示せず，単に入力情報に誤りがあるという表示のみしている。一度，ログインに成功している場合でも，新たなログインに失敗したら，ログアウト処理をする。

ログアウトせずにつづけて何回もログイン成功させると，ログイン成功のたびに session_regenerate_id() 関数が実行され，古い PHPSESSID が破棄され，新しい PHPSESSID 再生成されることを確認できる。また，最初のログイン成功後から数えたページ閲覧回数が正しく増加していることを確認できる。これは session_regenerate_id() 関数を実行しても，スーパーグローバル変数 $_SESSION のセッション変数 visit の内容は破棄されないからである。

〔2〕 **ログアウト処理**　主要ナビゲーションのログアウトを選択すれば logout_handling3.php によりログアウト処理が実行され，[青木一郎様、ログアウトしました。ご来店ありがとうございました。] が表示される。

4.4 商品購入と在庫管理

本節で使用する MySQL のデータベース webservice の表 shop_order と表 product は 3 章にて作成した。PHP ファイル内のページ閲覧回数表示，PHPSESSID 表示は必要なければ削除してよい。

4.4.1　hidden タイプの使用

まずは，shop_product3.php の 49 行目のつぎの行と product3.html の 42 行目のつぎの行に

```
<input type="hidden" name="product" value="FC002">
```

を挿入し，上書きする。これにより，クライアントからイスの商品番号 FC002 をサーバに送信する。ブラウザ表示されない hidden タイプの value 属性値 FC002 は，ブラウザで [表示] → [ソース] とすればお客さまに見えるが，商品番号 FC002 は商品ページにすでに表示されており，見えても構わない。お客さまは hidden タイプの value 属性値を変更することができるが，変更すると，この FC002 のイスを購入することはできないのでそのようなことはしない。また，テキストフィールドを設けてお客さまに商品番号を入力させる方法もあるが，お客さまにとっては面倒なだけである。よって，hidden タイプを使用して送信する。

4.4.2　ユーザ定義関数 array_hsc()

htmlspecialchars() 関数は，第一引数の変数に配列をとることができない。商品購入においてクライアントは配達時間帯を選択するが，配達時間帯はリストボックスで，複数選択可であり，クライアントからの複数データ送信には配列を用いる（リスト 1-48　listbox.html の 10 行目）。そのため htmlspecialchars() 関数の第一引数に配列が来ても処理できるユーザ定義関数 array_hsc() を定義する。この関数をファイル user_defined_functions.php に**リスト 4-4** のように格納する。

リスト 4-4　user_defined_functions.php

```
1  <?php
2  function array_hsc($str) {
3   if (is_array($str)) {return  array_map("array_hsc",$str); }
4   else {return  htmlspecialchars($str,ENT_QUOTES,"UTF-8");}
5  };
6  ?>
```

3 行目の is_array() 関数は，引数（この場合 $str）が配列のとき，TRUE を返す。3 行目の array_map() 関数は，第二引数の配列（この場合 $str）の各要素に対して，第一引数の関数（この場合 array_hsc() 関数）を実行し，配列として返す。user_defined_functions.php も C:¥xampp/hdocs/webshop に置く。このファイル内に格納された関数を使用するときは，PHP プログラムの冒頭でつぎの記述をする。

```
require_once "user_defined_functions.php";
```

4.4.3 処理プログラム

商品購入処理と在庫管理処理を担当する purchase_handling3.php を**リスト 4-5** に示す。

リスト 4-5 purchase_handling3.php

```
   省略。index1.html の 11 行目までと同じ。タイトルは ショップ古炉奈 商品と購入
12 <?php
13 try {
14 require_once("user_defined_functions.php");
15 require_once("login_init3.php");
16 if (isset($_SESSION["name"])) {  // ログイン失敗していれば FALSE
17   require("db_connect.php");
18   $sql1="SELECT * FROM product WHERE product_id = :pid1";
19   $stmt1=$pdo->prepare($sql1);
20   $pid = htmlspecialchars($_POST["product"],ENT_QUOTES,"UTF-8");
21   $stmt1->bindValue(":pid1",$pid);
22   $stmt1->execute();
23   $r = $stmt1 -> fetch();  // 以下在庫チェック
24   $number = htmlspecialchars($_POST["number"],ENT_QUOTES,"UTF-8");
25   if (ctype_digit($number)) {  // 商品個数が整数かどうかのチェック
26     $name=$_SESSION["name"];
27       if ($r["stock"]<$number) {  // 在庫が購入商品個数より少なければ TRUE
28         print "<p>".$name." 様、".$r["product_id"].$r["product_name"].
29         " の在庫数が不足しております。申し訳ございません。</p>";}
30       else {  // 在庫減らし
31         $new_stock = $r["stock"] - $number;
32         $sql2="UPDATE product SET stock = :stock2  WHERE product_id = :pid2";
33         $stmt2=$pdo->prepare($sql2);
34         $stmt2->bindValue(":pid2",$pid);
35         $stmt2->bindValue(":stock2",$new_stock);
36         $stmt2->execute();  // 表 shop_order への挿入
37         $sql3="INSERT INTO shop_order (orderdate, member_id, product_id,
38           order_number) VALUES (:date3, :mid3, :pid3, :n3)";
39         $stmt3=$pdo->prepare($sql3);
40         $id = htmlspecialchars($_POST["guestid"],ENT_QUOTES,"UTF-8");
41         $date_time = date('Y m d H i s');
42         $stmt3->bindValue(":date3",$date_time);
43         $stmt3->bindValue(":mid3",$id);
44         $stmt3->bindValue(":pid3",$pid);
45         $stmt3->bindValue(":n3",$number);
46         $stmt3->execute();
47         print "<p>" .$name . " 様、" . $r["product_id"] . $r["product_name"] .
```

```
48          $r["price"] . " 円 " . $number ." 個、ご購入ありがとうございます。</p>";
48          $payment = htmlspecialchars($_POST["payment"],ENT_QUOTES,"UTF-8");
50          print "<p> お支払方法は ". $payment . " です。</p>";
51          $delivery = array_hsc($_POST["deliverytime"]);
52          print "<p> お届け時間帯は　";
53          foreach ($delivery as $x){print $x."　";}
54          print " です。</p>";
55        }
56    }
57    else {print "<p> 購入個数は整数値を入れてください。</p>";}
58 }
59 unset($pdo,$stmt1,$stmt2,$stmt3);
60 } catch (PDOException $e) {print "<p> 接続失敗 ". $e->getMessage() . "</p>";
61 die();};
62 ?>
   省略。login_handling3.php の 15 行目の [<p> あなたの生活を豊かにする何かが見つかる店
   です。</p>] 以降と同じ。login_handling3.php の 18～20 行目が <?php require_once "login_
   after3.php"; ?> になっているかどうか確認すること
```

14 行目でユーザ定義関数を読み込み，15 行目でログイン処理（login_init3.php）を実行する。つまりお客さまは商品ページにおいてもログインをする。すでにログインしていても，安全のため再度，お客さま ID とパスワードの入力を要求する。ログイン認証に成功していれば $_SESSION にセッション変数 name が存在するので，16 行目の if 文の条件式は TRUE になり，17 行目以降が実行される。FALSE の場合は，なにもせずに終了する。

17 行目で db_connect.php を実行し，データベース webservice に接続する。18～22 行目にかけて，名前付きプレースホルダを用いて SELECT 命令を実行し，表 product のカラム product_id が FC002 のレコード，すなわち FC002 イスのレコードを 23 行目の fetch() メソッドで取り出し，変数 $r に格納する。$r は配列であり，番号でも連想キーでも要素の値を取り出せる。もし，23 行目のつぎに print_r($r); を挿入すれば $r の内容を表示できる。

購入する商品個数，支払い方法，配達時間帯がクライアントからサーバに送信されており，24 行目でそのうちの商品個数を $number に格納する。25 行目の ctype_digit() 関数は引数が整数ならば TRUE を返す。FALSE ならば 57 行目に飛び，商品個数が整数でないことを表示して終了する。

27 行目で商品個数が在庫を超えていないかチェックする。超えていれば 28, 29 行目で在庫不足を表示して終了する。$r["stock"]，$r["product_id"} のように連想

キーで値を取り出している。

31行目で注文個数を減じた新たな在庫数を $new_stock に格納し，32〜36行目の名前付きプレースホルダを用いたUPDATE命令により，表productのFC002イスのレコードの在庫数を更新する。

37〜46行目は名前付きプレースホルダを用いたINSERT命令の実行である。

41行目のPHPのdate()関数により，例えば，2016 10 23 22 01 09のような値を格納する。2016年10月23日22時01分09秒という意味である。

47〜54行目まではお客さまへの表示である。51行目のarray_hsc()関数はユーザ定義関数であり，配列である $_POST["deliverytime"] に対してhtmlspecialchars()関数を適用し，タグを無効化した結果を $delivery に格納する。53行目のforeach文によりお届け時間帯を表示する。

4.4.4　プログラム実行

index3.htmlを実行し，お客さまID 1，パスワードabc123でログイン後，商品ページに移動し（図1.62参照），お客さまID：1，パスワード：abc123，商品個数：2，支払い方法：着払い，配達時間帯：午後3時から7時と午後7時から9時，を入力あるいは選択し，購入ボタンを選択すると，**図4.4**が表示される。

ショップ古炉奈

青木一郎様、FC002イス50000円2個、ご購入ありがとうございます。

お支払方法は着払いです。

お届け時間帯は　午後3時から7時　午後7時から9時　です。

あなたの生活を豊かにする何かが見つかる店です。

店舗トップ	商品	新規会員登録	ログイン	ログアウト

図4.4　購入完了の表示（ページ閲覧回数とPHPSESSIDの表示は省略）

またphpMyAdminで表productを表示させると，FC002イスの在庫が2だけ少なくなっていることを確認できる。また表shop_orderを表示させると，**図4.5**のように注文を確認できる。

campaign.htmlの戻り先に関する処理，店舗トップページなどのプログラムの最

orderdate	member_id	product_id	order_number
2015 10 18 17 23 51	1	FC002	2

図4.5　注文後の表 shop_order

後から5行目の Copyright の右のショップ古炉奈の飛び先，店舗トップページなどの月別アーカイブの1月，2月，3月の飛び先は未作成である。

以上，Webショップの基本が完成した。在庫より多くの注文をすると，在庫不足メッセージが表示されることを確認してほしい。また，表 member の新規会員登録を増加し，購入注文をつぎつぎと出し，表 shop_order に注文が追加されていくことを確認してほしい。注文できる商品種類の増加は未作成であり，読者の工夫に委ねる。

付　　　録

A.1　サクラエディタのインストール

1)　まず http://sakura-editor.sourceforge.net/ にアクセスする。

2)　ダウンロードのインストーラパッケージダウンロードを選択（左クリック）する。

3)　V2（Unicode 版）の最新版ダウンロードを選択する。

4)　左上部に [Your download will start in 5 seconds] と表示され，5, 4, 3 とカウントダウンが始まるので少し待ち，下部に [実行] が表示されたら，それを選択する。

5)　[サクラエディタをインストールします。続行しますか？] と表示されるので [はい] を選択する。

6)　もしも，ここで警告メッセージ [　-----　変更を許可しますか？] と表示された場合は，[はい] を選択する。

7)　[サクラエディタセットアップウィザードの開始] と表示されるので [次へ] を選択する。

8)　[インストール先の指定] と表示されるので，[次へ] を選択する。

9)　[コンポーネントの選択] と表示されるので，[次へ] を選択する。

10)　[設定保存方法の選択] と表示されるので，[次へ] を選択する。

11)　[プログラムグループの指定] と表示されるので [次へ] を選択する。

12)　[追加タスクの選択] と表示されるので，[スタートメニューを作成]，[Quick Launch にアイコン作成]，[プログラム一覧に追加]，[デスクトップにアイコン作成]，[「SAKURA で開く」メニューの追加] にチェックを入れた状態にする。チェックが入ってない場合はチェックを入れる。そして [次に] を選択する。

13)　[インストール準備完了] と表示されるので，[インストール] を選択する。
14)　[サクラエディタセットアップウィザードの完了] と表示されるので [完了] を選択する。

これでインストールが終了した。本書で使用するサクラエディタは sakura 2-1-1-4 である。バージョン変更に伴ないインストール手順が変更になることがある。

つぎにいくつかの設定をする。デスクトップ画面にサクラエディタのアイコンがあるので，それをダブルクリックし，サクラエディタを起動する。

メニューバーの [設定] を選択し，[タイプ別設定] を選択し，[レイアウト] の [折り返し方法] において [右端で折り返す] を選択し，下部の [OK] を選択する。これにより，行が画面内で折り返されるようになる。

つづいて，文字コードを UTF-8 にする。再度，メニューバーの [設定] を選択し，[タイプ別設定] を選択し，[ウィンドウ] を選択する（古いバージョンのサクラエディタでは [ウィンドウ] がないので [支援] を選択する）。[文字コード] の UTF-8 を選択し，下部の [OK] を選択する。

なお Windows OS のメモ帳で作成したファイル，例えば sample.html を，UTF-8 の BOM なしに変更したい場合は，サクラエディタで sample.html を開き，内容はそのまま（修正はしない）で，[名前を付けて保存] を選択し，BOM のチェックを外し，文字コードセットを UTF-8 にし，[保存] を選択する。上書き保存しますかと表示されるので，[はい] を選択する。

A.2　XAMPP のインストール

XAMPP（ザンプ）をインストールすれば，Apache と MySQL と PHP の環境が同時に整う。Apache は Web サーバソフトウェアである。XAMPP をインストールするコンピュータに，過去において XAMPP をインストールしたことがある場合はそれをアンインストールする。拡張子が表示されるようにしておく（1.2.2 項 参照）。

0)　ブラウザをすべて閉じる。
1)　https://www.apachefriends.org/jp/index.html にアクセスする。
2)　画面上部のバーのダウンロードを選択（左クリック）する。
3)　Windows 向け XAMPP のダウンロードを選択する。本書は XAMPP5.6.12/PHP 5.6.12/MySQL5.6.26 のダウンロード（32bit 版）を選択した。ダウンロードが自動的に開始される。自動的に開始されなければ[ここをクリック]を選択する。

4) 表示された画面のDownloadを選択する。カウントダウンの後，ダウンロードが開始される。

5) [------- 実行，または保存しますか？]と表示されたら[保存]を選択し，数分すると，パソコンのダウンロードフォルダにxamppインストールのexeファイルが保存されるので，それをダブルクリックし，しばらく待つ。[実行]を選択し，しばらく待ってもよい。

6) 警告メッセージ[----- コンピュータへの変更を許可しますか？]と表示された場合は[はい]を選択する。Warning（UAC（user account control）関連の警告）が表示された場合は[OK]を選択する。

7) [Setup-XAMPP]と表示されたら[Next]を選択する。

8) [Select Components]と表示されたら[Next]を選択する。

9) [Installation folder]と表示されたら[Next]を選択する。C:¥xamppフォルダにインストールされたファイルが格納されることになる。

10) [Bitnami for XAMPP]と表示されたら[Learn more about -----]のチェックを外してから[Next]を選択する。

11) [Ready to Install]と表示されたら[Next]を選択する。数分間待ち，[Completing the XAMPP Setup Wizard]と表示されたら，[Do you want --- now?]のチェックが入った状態で（チェックが入っていなかったら入れて）[Finish]を選択するとXAMPP Control Panelが開く。この過程あるいは以降の過程で[---- Windowsファイアウォールでブロックされています]と表示されたら，プライベートネットワークのみにチェックが入っていることを確認した上で[アクセスを許可する]を選択する。

12) ApacheのStartボタンを選択するとStopボタンに変わる。PID(s)とPort(s)に数字が表示されれば無事Apacheが起動している。Apacheが起動しない場合は80番ポートなどが他のアプリケーション（例えばskype，Gladinet関連ソフト，IISなど）と衝突している可能性があるので，他のアプリケーションの接続設定などを変更するか，他のアプリケーションを終了し，衝突しないようにする。

Windows 10上のXAMPPのApacheでPort443が衝突しているときはC:¥xa

mpp¥apache¥conf¥extra¥httpd-ssl.conf 内の 36 行目付近を Listen 441, 122 行目付近を <VirtualHost _default_:441>, 125 行目付近を ServedName www.example.com:441 に変更して，上書き保存する。

Apache が無事に起動しない理由はウイルス対策ソフトなど多様であり，その場合は，専門書やネット上で情報を収集してほしい。

13) MySQL の Start ボタンを選択すると Stop ボタンに変わる。PID(s) と Port(s) に数字が表示されれば無事 MySQL が起動している。

14) ブラウザを起動し，http://127.0.0.1/ にアクセス，あるいは http://localhost/ にアクセスすると XAMPP 画面が表示される。http://localhost/ でアクセスできない場合の対処は付録 A.3 に記述する。

15) C:¥xampp¥security¥htdocs¥lang¥jp.php を修正する。このファイル名にマウスカーソルを合わせて右クリックし，サクラエディタを開く。そのまま [ファイル名] → [名前を付けて保存] を選択し，文字コードセットを UTF-8 にし，[保存] を選択すると，[　---　は既に存在します。上書きしますか？] と表示されるので，[はい] を選択する。つづいて本ファイルの 2 行目に include "en.php"; を挿入し，上書き保存する。

16) http://localhost/security/lang.php?jp にアクセスすると XAMPP for Windows 画面が表示される。

17) セキュリティ対策を行い，[要注意] を [安全] にする。

a) XAMPP for Windows 画面内の http://localhost/security/xamppsecurity.php を選択する。ブラウザの URL 欄にこの URL を入力してアクセスしてもよい。文字化けしたとき，Internet Explorer では，画面上で右クリックし，[エンコード] を選択し，日本語文字の選択項目を変更してみる。

b) "ROOT" パスワードに新しいパスワードとして適当な文字列を入力し，[パスワードを変更しました。] を選択する。本書では ABcd1234 をパスワードとする。

c) XAMPP のディレクトリ制御（c.htaccess）のユーザ（本書では root）とパスワード（本書では ABcd1234）を入力し，[安全な XAMPP ディレクトリを作成して下さい。] を選択する。

d) http://localhost/security/lang.php?jp にアクセスすると [要注意] が [安全] になっている

以上で，XAMMP の Apache と MySQL の初期設定は終了なので，XAMPP Control Panel において，Apache と MySQL の Stop ボタンを選択して Start ボタンに戻した上で，Quit ボタンを選択して，XAMPP を終了する。再度，XAMPP を起動するときは，Windows 8/8.1/10 ならば，[XAMPP Control Panel] をスタート画面やタスクバーにピン留めしておき，それを選択する。MySQL の文字設定に関しては A.5 節に記載する。なお本書のプログラムは XAMPP for Mac OS X 5.6.8 でも動作を確認している。

A.3　http://localhost 関連の設定

Apache と MySQL をスタートさせている状態でブラウザを起動する。そして http://127.0.0.1 では XAMPP for Windows にアクセスできるが，http://localhost/ ではアクセスできない場合の設定である。

1)　C:¥windows¥System32¥drivers¥etc¥hosts ファイルに 127.0.0.1 localhost を追加してみる。
2)　大学など組織内でパソコンを使用している場合は，LAN 設定でプロキシサーバを使用していることが考えられる。このような場合は，ブラウザの [ツール] を選択，[インターネット オプション] を選択，[接続] を選択，[LAN の設定] を選択し，[プロキシサーバー] の [ローカルアドレスにはプロキシサーバーを使用しない] にチェックを入れ，[OK] を 2 回選択する。

うまくいかない場合は専門書，ネット上などでに情報を収集してほしい。

A.4　PHP の日本語とタイムゾーンの設定

C:¥xampp¥php¥php.ini を修正する。このファイル名にマウスカーソルを合わせて右クリックし，サクラエディタを開く。

1)　サクラエディタの検索機能で default_charset を検索する。814 行付近に

```
;default_charset = "UTF-8"
```

がある。セミコロン ; で始まる行はコメントである。この行頭のセミコロン ; を削除する。これで Web サーバが送信する HTTP ヘッダーの文字コードが UTF-8 になった。

2)　つづいて，date.timezone で検索する。1045 行目付近に

```
date.timezone=Europe/Berlin
```

がある。Europe/Berlin を Asia/Tokyo に変更する。これでタイムゾーンが日本の標準時になった。

3)　つづいて，mbstring.language で検索する。1860 行目付近に

```
;mbstring.language = Japanese
```

がある。この行頭のセミコロン ; を削除する。これでマルチバイト文字が日本語になった。

4)　つづいて，mbstring.internal_encoding で検索する。1866 行目付近に

```
;mbstring.internal_encoding = EUC-JP
```

がある。行頭のセミコロン ; を削除し，EUC-JP を UTF-8 に変更する。これで PHP 内部のマルチバイト文字コードが UTF-8 になった。

5)　以上の修正が完了したら，上書き保存し，XAMPP を再起動する。

A.5　MySQL の文字コード設定

本書における文字コードは UTF-8 であるから，MySQL の文字コードも utf-8 に設定する。MySQL では小文字の utf-8 とする。

1)　エディタ（本書ではサクラエディタを使用）により，C:¥xampp¥mysql¥bin にある my.ini を開く。

2)　18〜26 行目付近に存在する [client] セクション内の 26 行目付近にある

```
# The MySQL server
```

のつぎの行に

```
default-character-set=utf8mb4
```

を挿入する。

3)　152〜157 行目付近にある

```
#character_set_server=utf8
```

の # を取り，utf8 を utf8mb4 に変更し

```
character_set_server=utf8mb4
```

とする。

```
#skip-character-set-client-handshake
```

はそのままにする。

4) 163〜166行目付近にかけてある [mysql] セクションの最後の #safe-updates のつぎの行に

```
default-character-set=utf8mb4
```

を挿入する。

5) 以上の修正が完了したら上書き保存する。MySQLが起動状態にある場合は，いったんStopボタンを押し，再度Startボタンを押す。起動しない場合は，挿入した文字列に誤字脱字がないかどうかチェックする。

A.6 PHPの主な予約語

and array as break case catch class const continue do echo else elseif endwhile false for foreach funtion global if instanceof new or print public return static switch throw true try use var while xor $_POST $_GET $_COOKIE $_SESSION $_SERVER $_ENV

索　　　　引

―― **著者略歴** ――

国立大学法人　電気通信大学名誉教授，工学博士（東京大学）
1973年　東京大学理学部物理学科卒業
1975年　東京大学大学院理学系研究科物理学専攻修士課程修了
同年　日本電信電話公社（現 日本電信電話株式会社）入社
　NTT基礎研究所を経て
2000年～2015年　国立大学法人　電気通信大学教授
この間，1982年～1985年　財団法人 新世代コンピュータ技術開発機構
1998年～1999年　技術研究組合 新情報処理開発機構

著書「Occamとトランスピュータ」（共立出版）
　　「コンピュータの仕組み」（朝倉書店）
　　「マルチメディアコンピューティング」（コロナ社）
訳書「はやわかりオブジェクト指向」（共立出版）
　　「MITのマルチメディア」（アジソン・ウェスレイ）
編著「オブジェクト指向コンピューティングⅢ」（近代科学社）
　　「インタラクティブシステムとソフトウェアⅤ」（近代科学社）

Webサービス入門
― HTML/CSS，PHP，MySQLによるWebショップ開設 ―

Introduction to Web Service
— Setting up Web Shop by HTML/CSS, PHP, MySQL —

2016年1月28日　初版第1刷発行　★

検印省略

著　者　尾内（おない）　理紀夫（りきお）
発行者　株式会社　コロナ社
　　　　代表者　牛来真也
印刷所　萩原印刷株式会社

112-0011　東京都文京区千石4-46-10
発行所　株式会社　**コロナ社**
CORONA PUBLISHING CO., LTD.
Tokyo Japan
振替 00140-8-14844・電話（03）3941-3131（代）
ホームページ　http://www.coronasha.co.jp

ISBN 978-4-339-02852-2　（金）　（製本：愛千製本所）
Printed in Japan